上班必學的100分回話

成熟工作者都在用，
合理的躲過加班、應酬和超出範圍的工作，還能替印象加分。

累積著作銷售80萬冊，
教授日本大企業老闆、皇室的應對專家
諏內Emi◎著　林巍翰◎譯

大是文化

目錄

第2章 千萬別讓主管發現你有這本書

第3章 不想被主管、客戶打擾，怎麼閃躲不失禮？

第4章 改善人際關係的微舉動

推薦序一

把握「禮貌而狡猾」的高段位職場回應術

《看穿雇用潛規則，立刻找到好工作》作者／Miss 莫莉

在這個講求效率與情商的時代，我們越來越需要一種特殊的能力——既能守住分寸、不失禮貌，又能堅定表達立場、巧妙掌控局面。這不是天生的特質，而是一種可學習的技術，《上班必學的一百分回話》正是教你這門技術的實用之書。

在閱讀本書的過程中，我不斷想起職場中那些能「笑裡藏刀、句句不符合對方期待卻讓人無法反駁」的高手。他們不是說話最激烈的人，卻總是能一句話化解危機；他們不是最聰明的人，卻總能讓對方心甘情願的接受妥協。他們會表達，也更懂得「怎麼」與「什麼時候」開口。這正是溝通智慧的體現。

書中涵蓋的層面極廣，但每一章節都有明確主題與實戰場景。從如何在會議中反駁主管卻不傷和氣、在面對不合理指令時表達立場，到如何在同事間維持邊界感又不被視為冷漠，都能找到適合的應對策略。不只分析現象，更重要的是，提供實用的對話範本，讀者不需要拐彎抹角的轉譯理論，就能直接應用於生活與職場中。

作者不講求討好或表面功夫，而倡導一種內心有分寸、外在有餘地的應對哲學；不是讓你兩面討好，而是學會有禮有節的堅持自我；**不是讓你成為人際關係中的操縱者，而是成為能進退自如的領導者**。

本書提醒我們：「語言是最強大的管理工具，也是最容易被低估的權力表現形式。」當你說話有禮，別人願意聽你說；當你說話有策略時，別人會跟著你行動。兩者結合，就成了無聲的影響力。

我特別欣賞書中反覆強調的一個觀念：**成熟不是什麼都忍，而是知道什麼時候該說、該做、該退、該爭**。太多職場新鮮人或正在轉型的中階主管，仍在摸索「如何兼顧人情與效率」。本書無疑是一本實用的指南，能幫助你在應對得體與立場清晰之間，找到剛剛好的平衡。

當你學會本書中提到的技巧，不代表要變得陰險或心機，而是在複雜的人際網中，多一分從容，多一點選擇權。作者並非教你怎麼耍手段，而是教你掌控說話節奏，避免被情緒牽著走，也不再讓自己在委屈中沉默。

《上班必學的一百分回話》帶著你學會在溫柔中保持銳利，在堅定中守住風度，推薦給所有想改善人際關係、提升影響力的你。

推薦序二

不委屈自己，才是把事做好的人際心法

軟體產品經理＆職場內容創作者／小人物職場

你有這樣的經驗嗎？明明照著職場規則做事，卻還是被客戶為難；努力保持和氣卻總被同事誤解、上司冷臉對待？久而久之，不禁讓人懷疑，「難道是我的問題？」或是禮貌根本就沒用？

這本《上班必學的一百分回話》，正是寫給像我們這樣，在現代職場中想「好好做人」，但不願繼續「委屈求全」的人。

我記得自己剛進職場時，常常因為不好意思拒絕同仁的請求，把自己推進工作過量的泥沼中，甚至還會因忙不過來而有愧疚感，後來我才明白，**與其立刻答應**，

不如先表達理解與同理，並和對方一起思考其他解法，即使最後婉拒對方的請求，仍然可以提升好感與信任。

也因為這件事，我開始練習調整說話方式，嘗試用更圓融卻不失立場的方式溝通，結果發現，因為不只講道理，還融入人際相處的情感與技巧，這樣反而更能讓人接受。

很多人總以為學習話術就能掌握人際關係，卻反而讓人變得圓滑世故、斤斤計較。我們應試著找回自己的價值與從容態度，在「不委屈自己」與「不輕易翻臉」之間，找到一條能長久走下去的平衡路線。

作者諏內在書中用極具說服力的經驗告訴我們：真正高明的應對，是既可以照顧到自己也不傷害他人。

本書共五個章節，包含超過五十個真實職場情境，每一個情境都針對現實中會遇到的難題，從對話用詞、姿態語氣，到背後的心理鋪陳與利益思維，具體教會我們如何**不硬碰硬，卻能溫柔而堅定的有效傳遞立場與底線**。

《上班必學的一百分回話》的真正價值，不僅在於提升人際技巧，更是一種心態上的提醒：**我們可以對別人好，但不必委屈自己；我們可以有禮貌，卻不必犧牲原則**。

如果你正在經歷人際關係上的混亂、在職場工作中總是一直在吃虧，或是渴望在不扭曲自己價值觀的情況下，成為一個更具影響力的人，那麼本書會是你值得讀的實用指南。推薦給每一位正在努力不委屈自己，也不想變成冷漠利己的你。

前言
不隱忍、不犧牲的回話技術

非常感謝你拿起本書。我是禮儀學校 EMII SUNAI 的負責人，諏內 Emi。

身為應對專家，我在學校開設相關課程，並透過講座、研討會、電視和雜誌等媒體，傳授合乎時宜的應對方式。此外，我也經常和大眾分享能從中「獲益」的舉止、會話技巧和社交技能。

直到今天，提到禮儀或禮貌時，大家依然相信，「只要遵守既定的行為和話語，就能在人際關係中獲得良好結果」。沒錯，大多數禮儀相關書籍都強調形式和常識有多重要，並倡導定型的表達方式和舉止。

然而遺憾的是，即使遵照書上的步驟，仍有許多人向我抱怨，成效並不好，甚至令人失望。

我無意否定禮儀基本精神——充滿美善的同理心和奉獻。但真實情況是，僅掌握一般書籍上介紹的說話方式和行為舉止，並不足以應付現實中會遇到的狀況。

你是否經常為了讓自己言行符合職場禮儀，而選擇隱忍？是否曾按照禮節來應對客戶，對方反應卻不好而感到困惑？

我寫下本書的目的，正是為了幫助遇到上述問題的人，從自我犧牲的負面情緒中解放出來，讓自己跟對方都能對彼此滿意、相互理解。

本書中，我整理出一套社畜必備的一百分回話技術。

只要照套，不僅在職場和商場上，甚至在私人生活中，都能讓危機變轉機，順利且徹底的解決過去曾使你困擾不已的人際關係。

然後你會發現，自己在任何場合，都過得舒適自在。

與此同時，改善了和主管、同事、客戶以及委託人之間的溝通，讓他們忍不住想，「幸好是這個人負責該業務」、「多虧得到了他的關心和幫助」、「還想再和他一起工作」。

事實上，在我向學生傳授這些方法後，很快就收到積極、正面的回饋，例如：「以前那麼困擾自己的事情，原來這麼簡單就能拒絕」、「我只是把老師講過的話直接對客戶說，沒想到對方的態度變得很友善」、「人際關係改善許多」、「與朋友不再有矛盾，感情變得更好」。

我還在私人場合中，聽到學生成為受人敬重和喜愛的對象，被讚賞「想更親近他」、「這個人真不簡單！」、「想再見到他」等。

話不多說，接下來我會針對商務場合，介紹五十一種策略。除了解釋具體的方法之外，還會說明讓對方信服和高興的理由。各位只要實踐，很快就能看到變化。

相信這一切都會為你帶來自信和邁向成功的信心。

第1章

不隱忍、不犧牲的一百分理由

1 不讓主管影響你下班的最強說詞

結束一天的工作，心想「終於可以回家」時，如果遇到主管或前輩突然請你處理急件，這時你肯定會覺得心煩，如果下班後還有其他安排，想必更覺得困擾。

：「〇〇，請等一下。」

：「怎麼了？」

：「不好意思，有份急件要請你先處理。」

碰到這種情況，你會怎麼回應？

1. 語帶模糊的告訴對方：「抱歉，今天不太方便……。」
2. 明確的拒絕：「我下班後有約了。」
3. 為了避免關係變差，只好心不甘、情不願的接受請求。

事實上，我們最該避免第三個選項「犧牲自己的原定計畫並接受請求」。其次，第一個回答不清不楚給人感受不好，氣氛也會變僵。至於第二個選擇，如果你和對方是可以清楚坦誠想法的關係，倒是沒問題，但過於直接的表達方式，可能會讓你在對方心中的形象變差。

嚴格來說，這三種應對方法都不妥當。

那麼，該怎麼做才好？

碰到這種情況時，**首先表現出理解對方處境的樣子**，舉個例子，說「你很急對吧？」然後告訴對方：「我晚點有事需要處理，必須在六點前離開公司，但我可以在三十分鐘內先處理一部分。」或者，你也可以向對方說：「雖然我現在必須先離開公司，但明天到公司後會立刻處理這件事。」表現出願意幫忙的積極態度。

這時的關鍵是，當你說這些話時千萬不要面有愧色，要帶著爽朗的表情來回覆對方，假設對話情境如下：

：「〇〇，請等一下。」

：「怎麼了？」

：「不好意思，有份急件要請你先處理。」

：「這樣啊，今天下班後我有事需要處理，大概再過二十分鐘會離開。我會盡力做到那時為止。」

：「只有二十分鐘啊……。」

：「我知道你很急，如果今天沒辦法完成的話，我可以在明早一到公司後繼續做。」

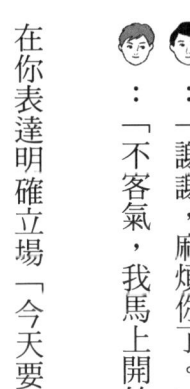

：「謝謝，麻煩你了。」

：「不客氣，我馬上開始處理。」

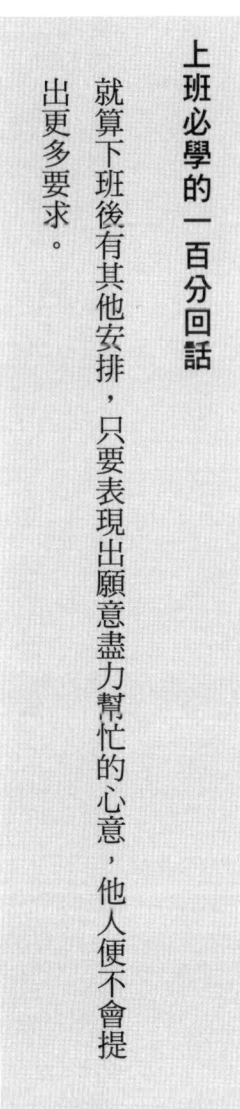

在你表達明確立場「今天要在（某個時間點）下班」時，若能同時展現積極態度「我會盡力幫忙」，相信對方很難提出更多要求，同時還能感受到你的誠意。

上班必學的一百分回話

就算下班後有其他安排，只要表現出願意盡力幫忙的心意，他人便不會提出更多要求。

2

超出職責的工作，怎麼回絕不得罪？

　　在職場中，有時會受同事所託，幫忙處理一些工作，但如果被拜託的事情並非自己的專業領域，或明顯超出業務範圍，即使承接下來，也無法順利完成，讓人不禁懷疑：「他為什麼會找我做這件事？」接下來，向大家介紹如何應付這些請求。

　　舉個例子，即使公司裡有負責處理某些事情的部門，但主管還是向你尋求協助。這種情況下，很多人可能會這樣回應：

：「〇〇，我的電腦好像出問題了，能幫我看一下嗎？」

：「不好意思，我正好有事要忙……。」

這是以「現在沒空」為由來拒絕對方。然而，這不是好的應對方法。因為即便對方當下放棄找你，但過了一陣子他可能會再來問一次。

如果只是一次性的請求，能應付過去倒也還好，但若答應幫忙一次後，就會讓對方養成習慣，「下次也麻煩你了」，相信沒人樂見不斷發生這類的事。

更何況，拒絕次數其實有極限。每次都拒絕同樣的請求，除了自己會心煩，對於找你幫忙的人來說，多次遭到拒絕，心情肯定也不太愉快。

下次碰到這種情形時，你不妨回覆：

：「我因為在處理與〇〇相關的業務，所以沒有空餘時間……相信你為此感到很困擾，或者**我們可以一起想想，還有誰能幫忙這件事**。」

：「這件事超出我的專業範圍了，實在愛莫能助。該怎麼辦才好……對了，公司裡應該有處理相關事情的部門吧？」

首先，明確說出你不能接受對方請求的理由。然後表現出感同身受的樣子，例如「相信你很困擾」、「該怎麼辦才好」，接著展現你願意和對方一起思考解決方案的姿態：「我們一起想想，還有誰能幫忙這件事。」

透過這種三段論的說話方式，能**讓對方覺得你是「願意一起共患難的好人」**。也就是說，就算你拒絕對方的請求，一樣能提升好感。而且，這麼做等於幫他創造，「等你有空時，就能找你幫忙」以外的選項，減少他之後找你的次數。

上班必學的一百分回話

對主管來說，就算部屬沒能幫上忙，但願意跟自己一起思考解決方案，一樣值得信賴。

3 同事拜託代班，拒絕前先答應再假裝翻行事曆

在職場上，有時會遇到同事或主管要求換班或者幫助當職代。除非碰到無法避免的狀況，學習如何巧妙應對這些難以拒絕的要求，對自己很有幫助。

例如，當有人問：「這週五你能跟我換班（幫我代班）嗎？」你可能會不假思索的回道：「不好意思，那天我有約，所以不方便。」

然而，這種回答方式並不高明。

這是因為，你立刻拒絕對方的請求。碰到這種情況時，不要馬上回答「可以」

或「不行」，而是先展現出「如果沒有其他安排，我很樂意幫忙」的態度。

就算你很清楚自己接下來有些安排，無法（或不想）換班時，第一句話要說「應該沒問題。」然後**表示出「我先確認一下」的樣子，翻看行事曆**。最後，和對方簡單的說明：「對不起，當天有無法更動的計畫。」

：「下週三能請你幫我代班嗎？」

：「應該沒問題，我先確認一下。」

（查看行事曆）：「嗯……不好意思，那天我安排事情要處理，無法更改時間。」

：「這樣啊。」

：「我本來以為可以幫忙，真抱歉。」

：「沒關係，謝謝。」

理想流程是不要急著決定是否接受對方的請求，首先表達出「如果沒有其他行程，就能幫他」的意願，然後翻開行事曆做確認，最後再告知對方無法代班的理由並道歉。

或許你的行事曆上可能根本沒有任何計畫。但只要在第一句話表達出樂意幫忙的態度，就能給人留下好印象，進而增加好感度。

上班必學的一百分回話

因為對方是帶著不好意思的心情向你提出請求，在這種情況下，**對他而言不被討厭，比能否換到班更重要。**

我確認
一下。
其實什麼
也沒寫
謝謝。

4

遇到不想回答的私人問題

什麼類型的問題讓你不想回答？

我想應該是涉及個人資訊的問題，如住址、工作單位、年齡、婚姻狀況、子女的學校名稱和年收入等。

雖然和從前相比已有改善，但直到今天，仍有人會毫無顧慮的挖別人的隱私。

這種情況下，假設你回答：「不太方便說耶……。」可能會讓氣氛變得尷尬；或因認為「雖然不想講，但如果不回應，似乎很沒禮貌……」、「不想破壞現在的氣氛」而勉強回答，但在事後卻感到後悔。

碰到這種情況時，根據你與對方的關係，**「用玩笑話回應」**或許不失為一種好方法。

我們不用顯得好像很困擾而含糊其辭，可以帶著爽朗的表情，用詼諧的口吻來拒絕，例如：

：「啊，真可惜，這可是不能外洩的最高機密！」

：「回答這個問題需要部長的批准，我得確認一下！」

：「好的！我先找課長蓋同意章。」

在這種情況下，重要的是不勉強自己回答對方的問題。

利用小玩笑作為武器，不僅能保護彼此關係，還能巧妙迴避對方的提問。

上班必學的一百分回話

被問到不想回答的私人問題時，比起讓對方因你拒答感到難堪，更重要的是如何減輕由此所產生的尷尬。

用玩笑話來回應，能讓彼此在輕鬆的氣氛下轉移話題。

5 回應私人問題第二招：簡答

承上個章節，若碰到很難「用玩笑話回應」時，就用另一種應對方法。順帶一提，這招在我的學生之間頗受好評，經常有人高興的和我說：「這麼做讓拒絕變得輕鬆多了！」

舉例來說，大多數人不想詳細回答自己的住處：

：「你住哪裡啊？」

【第一種】

「我住在東京的大田區，但詳細地址不便透露。」

【第二種】

「詳細地址雖不方便透露，但我住在東京都的大田區。」

請大家思考一下，如果想和對方維持良好關係，哪種回答方式比較好？

第一種的口氣較冷淡，拒絕回答且態度強硬。

第二種回應，顯得委婉且不失尊重。雖然只是調整回答順序，就能讓對方對你的印象，產生如此大的變化。

假設，你之後又被問不想回答的問題時，不妨**「表明不願回答，然後退一步提供可告知的資訊」**來應對。

這種技巧也適用於應對極為私人的問題，例如：

：「您的孩子在哪裡上學？」

：「雖然不方便說是哪間，不過是在東京都內的私立學校。」

：「您先生在哪家公司上班啊？」

：「具體的公司名稱不便透露，但是在一家教育相關的企業。」

當你這樣回覆後，能不動聲色的讓對方察覺到「提出這樣的問題確實不妥」、「似乎有點失禮」，並產生反省之意。

上班必學的一百分回話

即使不是詳細回覆，只要能讓對方覺得你願意回答，就夠了。

NO
退一步提供
可回答範圍
內的資訊
雖然不方便透露詳細地址，
但我住在大田區。

6

「我有點忙」是婉拒邀約最沒用藉口

很多人或許碰過，公司前輩或主管友善的邀請：「工作辛苦啦，下班後一起喝一杯吧。」但當天晚上你和別人有約或想早點回家休息，也有不少人希望能明確區分工作與私生活，所以打算拒絕。

這種情況下，千萬不要含糊其辭的跟對方說：「今天（或那一天）不太方便……。」因為這麼做，可能會讓被拒絕的一方覺得自己造成你的困擾，心情因此不太舒坦。

若對方是死纏爛打的人，則可能會軟磨硬泡的說：「只是喝一杯而已啦！」、

「就一個小時，怎麼樣？」

有些人喜歡用「我有點忙」當藉口，然而這種回答方法一樣會讓對方感覺到你在「嫌他麻煩」，所以應該避免。

那麼，到底該怎麼拒絕，才能得到對方的理解與接受？

此時，可以**把「無法改變日期」的事當成婉拒理由**，例如，「我必須開車去機場接媽媽」或「那天剛好要參加同學會」。

理由是否屬實並不重要。

不過，如果經常使用類似的理由，可能會被拆穿：「怎麼又是同學會？你上次不是已經參加過了？」進而讓對方心生不悅。因此，平時最好多準備幾個用來拒絕的理由。

拒絕邀約時，重要的是禁止使用「對不起」或「抱歉」等字眼，而是傳達出「謝謝你邀請我」的感謝之情。因為道歉會讓邀請者感到不安或內疚，所以避免用這類詞，反而能把事情處理好。

【×】

：「下週五要不要一起喝一杯？」

：「不好意思，我那天要參加高中同學會。謝謝你特意邀請我，但真的很抱歉……。」

【○】

：「下週五要不要一起喝一杯？」

：「謝謝你的邀請，但我那天要參加高中同學會，真是太可惜了。」

儘管拒絕的理由相同，但後者明顯能留下更好的印象。

此外，拒絕對方時，若能按照前文提到的策略，做出確認行事曆的樣子，效果會更好。

拒絕他人邀請時，應努力表現出「謝意＋覺得很遺憾」。如果希望對方下次還邀請你，別忘了再加一句「下次再找我」。

當然，如果今後不希望再被邀請，那麼只要以感謝來結束對話即可。

上班必學的一百分回話

拒絕邀請時，比起道歉，向對方表達感謝，能避免邀請方尷尬或內疚。

7 被人勸酒時最得體的應酬話

聚餐時，有時我們會被人勸酒，若當天剛好不想喝，或原本就不喜歡酒精類飲料，應該有不少人想拒絕卻不知道該如何開口。

雖然喜歡在餐會上勸酒的主管或同事，比過去少很多。不過，仍有不少人來詢問我，怎麼應對這種情況。對於不擅長喝酒或想控制飲酒量的人而言，知道如何巧妙回應更顯重要。

常見的推託理由有「不好意思，我酒量很差……」、「我不會喝酒……」等。但我們很難期待這類的話能發揮效果，阻止對方死纏爛打。

即使是工作應酬，也不該勉強自己喝酒，因為這麼做存在一定的風險，所以要堅定的拒絕。這時，可以用「不喝（果斷拒絕）＋幽默」來回應對方。

：「因為我不能喝酒，所以你不需要客氣，連我的份一起乾了！」

像範例這樣，我們可以**在堅定自己滴酒不沾的立場時，還能顧及到對方的好意**。說完後，你還可以開點輕鬆的玩笑，如：「我連喝烏龍茶也會醉哦。」

「當我們拒絕某些事情時，如果讓對方察覺你對這份邀約感到困擾，他會因此覺得不舒服」。這是本書介紹的大多數情境，都能應用的重要原則，希望各位能謹記在心。

有時，拒絕某人的邀請會讓當下的氣氛變差，甚至被認為有失禮數，結果雙方都不愉快。

為了避免發生這樣的事，就要以開朗的態度來拒絕。在清楚向對方傳達「不」時，若能加入一句幽默話語，就可以避免破壞氣氛。

上班必學的一百分回話

如果我們顯露出為難的表情，對方可能會感到內疚。但如果以開朗的態度來拒絕，就不會讓氣氛變得尷尬，也不至於讓他人不安。

8 當對方問：「能加 LINE 或臉書嗎？」

相信大家都有被公司主管、前輩或同事，甚至是有業務往來的客戶問過「能加LINE（臉書、IG）好友嗎？」這樣的問題。

確實，若是需要及時聯絡或頻繁彙報的工作，利用社群軟體傳遞訊息會非常方便。但如果詢問者沒有這類需求，卻還是向你要帳號，想必會讓人有些困擾。

畢竟這類社群軟體裡，存放著包含個人照片在內等的私人訊息，因此很多人不想分享給與工作有關的人知道。

假設遇到很難拒絕的場合時，可以嘗試以下方式：

：「因為我平時不用 LINE 處理工作，所以可能會因此錯過訊息，反而對你造成不便。能否請你像之前那樣，透過電子郵件來聯繫？」

：「與工作有關的聯絡，我統一用電子郵件來管理。」

像這樣回答，能清楚表明你不想改變現有聯絡方式。

不是直接拒絕，如「無法告訴你」，**而是以間接傳達「我不是針對你，而是對所有人都這樣」**。如此一來，對方也比較能接受。

如果你用曖昧的態度回應對方，像是：

「我不能（不想）和你交換 LINE。」

「不太方便耶……。」

很可能被對方解讀為「你覺得我是麻煩的傢伙」，甚至讓對方感到丟臉，進而引起不必要的麻煩。

相信沒人喜歡自己向他人提出要求後，立刻吃閉門羹。最初的回應往往會大幅影響對方的心情，因此，回覆時應避免直接否定，但要果斷的表明「這是我的做法」。

上班必學的一百分回話

當對方看到你一視同仁的態度後，就算被拒絕，也比較能接受。

9 收到同事或客戶傳來無關工作的訊息

社群軟體上，跟某人原本只有工作時才會往來，但不知從何時起，對方開始頻繁傳一些自己不感興趣的私人訊息和邀請……。

如果對方是今後再也不會見到面的人，直接封鎖倒也無妨，但若他是其他公司的聯絡窗口，就算拒收私訊或邀約，工作上仍可能接觸，甚至實際碰面，結果對後續工作造成影響，因此很難視而不見，令人頭疼。

遇到這種情形時，**刻意使用較正式語氣或商務口吻來回覆，是有效的做法。**

：「你這週末有空嗎？」

：「我最近處理與××有關的案子，忙到要利用週末完成其他工作。」

：「今天的活動辛苦了，下次一起喝一杯慶祝一下吧！」

：「你也辛苦了，感謝關心。今後請繼續關照。」

這類說詞兼顧了禮貌和拒絕，既不失禮，同時暗示對方：「我們之間只存在工作關係而已」。

上班必學的一百分回話

使用商務口吻，不是要明確的拒絕對方，而是確保彼此在「工作上的往來」，讓之後的關係可以順利維持下去。

10 未經同意就公開你的照片

當你和其他人一起用餐、參加派對或其他活動時，被人拍下的個人或團體照，沒經過你的同意，就被擅自發布到社群網站時，該如何是好？

未經同意就公開他人的私人照片，通常令人不快。不少女性尤其在意，在不知道的情況下自己在內的照片被公諸於世。此外，有時照片裡包含了可以確定日期或地點的資訊，很可能會引起意想不到的麻煩。

當然，未經允許就公開別人的照片到網路上確實不對，但為了維持彼此的關係，要求對方刪掉照片時，表達方式也很重要。

：「你為什麼擅自上傳我的照片！」

像這樣，劈頭就責怪對方並非明智之舉。

話雖如此，這卻是許多人經常會犯的錯誤。以「為什麼」、「你怎麼這樣」等帶有責問的語氣來開場，容易讓對方感覺自己被指責，因此最好能避免。

我們可以改變一下表達方式，例如：

：「其實那天我推掉其他邀約來參加聚會。不好意思，可以麻煩你盡快刪除照片嗎？」

也可以說：「我以工作為由才能出席。」首先說明為何公開照片會造成你的困擾。此時的重點在於**要讓對方知道，你可是為了參加這次聚會，而推掉（或調整）了其他的活動。**

接著加入緩衝語「不好意思」，請求對方：「可以麻煩你刪照片嗎？」這種表達方式並非強硬要求，而是你引導對方自己判斷，進而在他心中留下溫和的形象。

這種說法因能讓對方感到些許優越感——雖然你原有其他計畫，但卻把我的事情擺在優先位置。同時認為**你是一個「即便拒絕他人邀約，也會顧及他人感受」的人**，進一步提升好感度。

上班必學的一百分回話

即使對方起初思慮不周，但因為你不以責備的方式表達意見，這種貼心的表現，往往會讓對方樂於配合。

第2章

千萬別讓主管發現你有這本書

1 處理客訴，別馬上道歉

處理客訴的鐵律是，傾聽客戶抒發不滿直到最後。

不論市面上的書籍或是公司的應對手冊，都會說，最基本的方式是一邊適度的點頭附和，一邊細心聆聽對方的意見。

但我想在這裡和讀者分享另一個處理客訴時的重要觀念。

那就是「共感」。

一般人在面對憤怒的客戶時，可能會下意識說「非常抱歉」之類的話。可是，在事情責任歸屬尚未明確的情況下，做出這樣的回應其實並不合適。

但若我們能共感對方不滿或不適的情緒，這時的道歉反而能奏效。

：「這次讓您感到不悅，我們深感抱歉。」

：「相信您一定很困擾，真是非常抱歉，讓您這麼擔心。」

說這些話的目的，並不是承認自家公司的失誤，而是展現出能共感對方碰到的困難與不便。

客戶很可能只是想要抒發自己的情緒，如產生多大的麻煩、多麼不愉快，以及為此付出了多少時間或金錢等。

因此，只要我們能傳遞出「我懂你的心情」，讓客戶確實感受到「眼前這個人很認真的聽我說話」，通常就不會進一步刺激對方的情緒。

無論是透過電話或直接面對面的交流，都適用這種應對方式。

有人或許會認為，「反正最後還是要向客戶道歉，根本沒差吧」，但前述的表達**並不是承認你或公司犯了什麼錯**，只是對客戶感到不愉快的事感同身受而已，兩者的情況不同。

因此，假設之後你遇到客訴時，請先使用能展現共感的語句。接著確認究竟是什麼事情困擾對方，並提出解決方案，這才是解決客訴的基本應對之道。

上班必學的一百分回話

當客戶感受到你理解他的不滿後，會覺得有人站在他那一邊，心情便逐漸穩定下來。

2 這才是客戶真正想得到的回答

：「我們會盡快確認並給您回覆。」

：「查明原因後，我們會儘早回覆，請您再稍等片刻。」

：「我們稍後再回電與您聯繫。」

大家是否曾對這類回覆感到莫名的不安？

這些回應看似誠意十足，但實際上卻缺少了最關鍵的內容：期限。

由於客戶不知道自己究竟要等到何時，所以會嘀咕碎唸：「不是說會『馬上』

處理嗎？」或「『確認之後』，到底是什麼時候？」進而增加心理負擔，最終引發所謂的「二次客訴」。

因為應對方式不夠完善，客戶越來越不滿和憤怒，於是便要求：「叫你的主管出來！」或「我要見老闆！」

即使你認為自己誠心誠意的和客戶溝通，但如果這種誠意無法傳達給對方的話，便會引起更多不滿與不安。

處理客訴時，光有誠意是不夠的。請記住，誠意中還需要包含「精準」內容才行。想避免事態惡化，明確告知對方「什麼時候（期限）」至關重要：

- 何時確認？
- 何時給予回覆？

此外，還應詳細說明是「由誰」、「以何種方式」來處理。例如：

：「我們會立刻確認並於今日某點前，由〇〇直接致電△△先生手機給予答覆。」

這才是客戶真正想要得到的回答。

客訴處理的核心是「快速應對、誠意，以及精準表達」。如果能做到真誠的應對，對方甚至可能成為公司、產品，或負責人的支持者，這並非罕見的情況。

此外，有效應對客戶的不滿，能讓客訴成為公司的寶貴資源，除了能獲得好評，還能了解自家公司可以如何改善。

上班必學的一百分回話

當對方聽到具體「什麼時候」時，會更加安心的等待。

3 不小心讓客戶動怒，怎麼辦？

當我們自己或公司造成的失誤，給客戶造成極大的困擾或讓對方動怒時，必須謹慎思考解決方法。雖然我能理解，大多數人希望透過電子郵件或電話來解決問題，但在這種情況下，這並非明智的選擇。

我認為這時應該主動聯繫對方，傳達想「馬上登門致歉」，然後親自拜訪。即使他態度強硬的說：「不需要！」也別就傻傻的認為：「既然客戶這麼說，就不要去好了……。」把那句話當真，你會錯失良機！

唯有立刻行動起來，才能表達我方的誠意。

越快採取行動，越能表達想道歉的誠懇程度。只要是能稍微平息對方怒火的事情，我們這時都應盡快執行。

遇到這種情形時，有些人可能會擔心，「會不會反而給對方添麻煩？」或「應先考慮對方是否方便」。其實，這是懂得商務禮儀的人容易陷入的錯誤觀念。

在需要向對方道歉的情況下，如果一被拒絕就回覆：「我知道了。那麼等您方便的時候，我再前去致歉。」反而會收到反效果。因為這種說法會讓對方產生「你那麼輕易就改變原來的想法」的印象，讓心情更加不快。

正確做法是，就算知道可能被對方拒絕，也要立刻前去登門道歉。

上班必學的一百分回話

越快道歉，對方就越能感受到，自己或自家公司多麼受到重視。

4 向客戶道歉的送禮眉角

前往客戶公司道歉時，除非是爭分奪秒的緊急情況，否則應攜帶伴手禮過去。此外，挑選和交付禮物時機，也要有策略。

道歉時送給對方的禮物，最好選擇不會留下太久的消耗品。以日本來說，與其買當下流行的東西，有品牌的老字號糕點比較合適。通常日式傳統點心比西式甜點更能傳達真誠的情感。另外，包裝應避免使用華麗或花哨的設計。

最後要記住的重點，是贈送時機。就一般禮節來說，伴手禮應在和對方見到面、打完招呼後遞上。但在道歉場合，這麼做並不妥當。因為對方可能會以為你在暗示，「既然都收下禮物了，這件事就高抬貴手吧」。

如果在見面時立刻道歉，並遞上禮物，說「真的非常抱歉，這是我的一點心意，請收下」會讓人認為你想先發制人，而且在對方尚未原諒你的時候，要他主動接過禮物，氣氛也顯得很尷尬。

正確的做法和規矩，是在誠心誠意的道歉後，不論對方原諒或仍在氣頭上，你要做的都是在說完「這是我們一點微不足道的心意」這句話後，**把禮物留在現場，而不要親手交給對方**。

上班必學的一百分回話

因為禮物是你「擅自」留下來的，對方收下來也較沒負擔。

5 迫不得已遲到，不要重提原因

商務人士的基本禮儀之一，是跟其他公司的人約在外頭見面商談時，為了避免不可抗力的意外，要預留充足的移動時間，確保自己能準時抵達約定地點。

然而，哪怕再怎麼小心，有時仍可能碰到如電車誤點等意外而耽擱時間。

若遇到迫不得已一定會遲到的時候，有兩個重點需要特別注意。

一是，在「可能」無法準時到場的徵兆出現時，就立刻通知對方，並附上像「遇到電車事故」等簡短的說明，而不是等遲到已成定局才聯絡。另外，因為「會遲到多久」是對方最想知道的事，所以聯絡時，最好同時提供你預估遲到多久、大約何時會抵達。

二是，當你到達約定的地點後，**不要重提遲到的理由，僅向對方誠摯的道歉即可**，例如：「非常抱歉，讓您久等了。」

這是因為你在抵達前已告知遲到的理由，所以在抵達後基本上就無須重複。當然，如果對方詢問的話，則可以做進一步的說明。

雖然遲到方確實想在見到面之後，立刻向對方解釋理由以及其他不可抗力因素，但此時**故意選擇不提，才是最棒的回應方式**。

：「對不起，我遲到了！總武線的信號故障導致誤點，我轉乘其他電車，多繞了一大圈才趕過來。我其實已經提早十分鐘出門了，沒想到最後還比預計晚半小時才到……真的很抱歉。」

像這樣，如果一開口就羅列理由，雖然可以讓對方了解你為何遲到，但聽完後心情肯定不會太好。這麼做也無法為你在對方心中的形象加分。

【抵達前】

（車廂內廣播）〇〇站附近的信號機故障，導致火車延誤。現在尚未確定恢復的時間，目前正在確認狀況。

（透過電子郵件或社群軟體聯絡客戶）：「不好意思，目前因〇〇線的信號機故障，所以火車延誤發車，我可能會遲到。只要一知道恢復情況，會立刻通知您。非常抱歉給您帶來不便。」

【抵達後】

：「對不起，我遲到了！造成您的困擾。」

：「是〇〇線的事故吧？你也辛苦了。」

：「不不，讓您等了那麼久，真是過意不去。」

：「這也沒辦法，最近這種情況真不少。那我們就開始吧。」

像這樣，**抵達後僅做簡短的交流，反而能讓對方對你留下誠實可靠的印象。**

從對方的立場來看，他們也不希望從一開始，就對要一起相處幾個小時的對象抱有負面情緒。如果你能果斷道歉、迅速改變話題，也能讓對方容易轉換心情。

下次遇到會遲到的情況時，首先記得以最快的方式讓對方知道你的歉意，並附上簡單的原因說明。在抵達之後，就遲到一事誠心向對方道歉。

別再提起遲到理由，才是提升信任度的最佳策略。

上班必學的一百分回話

與其解釋遲到原因，直接展現坦率的態度，更能避免對方不滿的情緒持續下去。

6 不小心失言時

大家有這種經驗嗎？

在和他人談話過程中，一直叫錯名字、說了沒禮貌的話、用錯敬稱等，事後回想起來，嚇到臉色鐵青。

碰到這些情形時，你會如何應對？

相信不少人會陷入人神交戰，心想：「怎麼辦？對方一定注意到了吧。但現在道歉，反而會讓事情變得更麻煩，不如假裝沒事……。」

然而，這麼做只會讓你無法集中精神在談話上。

更令人困擾的狀況，是你在和對方分開後才意識到自己失言。若短期內你不會碰到對方，你可能還會在心裡糾結：「為了道歉，特地聯絡他，會不會把事情搞得更複雜……。」

不論是談話過程還是告別後，**只要意識到自己失言了，最好立刻道歉**，千萬不可以輕忽這件事。

舉個例子，當你意識到自己叫錯了對方的名字時，應該馬上勇敢且坦率的告訴對方。

：「剛才我可能叫錯您的名字了，真的非常抱歉。」

這麼做之後，你會驚訝的發現，內心壓力頓時減輕不少。

應對不小心太隨便時，處理方式也一樣。像是「你看了沒？」或對主管、客戶說「你去問○○」，都是可能出現的狀況。有時即使只是一次失誤，對方也可能因此認定你沒禮貌。

非常抱歉！
GOOD
不會啦。

主動表達自己發現錯誤，能避免讓對方留下你是「不懂禮貌」或「缺乏常識」之人的印象。

由於社會上能坦率承認自己的過錯並願意改正的人不多，因此這麼做反而能加深別人對你的信任。

上班必學的一百分回話

比起假裝沒事，主動向對方承認自己的失言或用詞錯誤，才能消除心裡的疙瘩。

7

就算真忘記，也別直說「我忘了」

「糟糕，我忘了要回覆他！」碰到這種情況時，有些話在聯絡對方時一定要避免。例如：

：「非常抱歉，我忘記要回你……。」

由於「忘記」二字，可能讓聽者覺得你沒有把他當一回事，亦即根本沒放在心上。因此我建議大家，這時不要這麼老實坦承比較好。

此外，與「忘記」相似的，還有「這段時間事情很多」和「這陣子太忙了」，都是我們經常聽到、被當成理由的兩句話。

前者並非適當的商務用語，而後一句則因可能會讓聽者感到不悅（心想：「我也很忙！」），所以都應該避免。

進一步來說，「抱歉，我最近的身體狀況不太好」這種話也不建議使用。

雖然每個人難免有狀況不好的時候，但聯絡時把這句話擺在最前面並不恰當，因為對方可能同樣在身體不適的情況下工作。而且，以生病為理由會讓對方很難對你發脾氣，甚至要反過來關心你，「您還好嗎？」、「別太勉強自己」，有些本末倒置。

當然，如果是嚴重到需要住院或長期休養則另當別論。但就算如此，提供對方你的復職日期或業務代理人的資訊，是職場的基本禮儀。

另外，使用像「我的孩子發燒了」等私人理由時，雖然對方應能理解你所處的困境，但在說這句話之前，最好先想清楚你和對方之間的關係，是否好到可以提到自己家裡的事。

我認為，遇到這種情況時，與對方聯絡又不損形象的最佳做法，是**不要找藉口，開頭先道歉：「對不起，這麼晚才和你做回覆。」接著明確告訴對方，你會在哪一天什麼時段處理相關事宜。**

上班必學的一百分回話

「忘記」這句話只會讓別人對你失望，簡單道歉，然後說明之後會如何處理相關事宜，才不會在對方心中留下不好的印象。

8

催促對方進度但不引發反感的話術

在職場上，很常遇到這種情況：請某人在哪天前要確認並回傳文件，而且我們在截止日前兩天，也提醒過「記得在那天前完成給我」。然而，到了當天，我們依舊沒收到文件。

對此，有些人可能會向對方說：

：「你還沒給我耶。」

：「我一直在等你回覆有關〇〇的事。」

：「已經過了約定時間，請立刻回覆！」

即使未能遵守約定確實是對方不好，但這些充滿指責的話也令人不好受。對方還可能會因此降低對你的好感。

碰到這種情況時，我們要採取策略性的應對方式。順便借此機會來展現你的品格與胸襟。例如：

：「之前請您處理的資料，目前進展如何？」

像這樣，用**詢問來表達你的意見**，口氣就不會那麼衝了。另外像下面這句，也是高明的應對方法。

：「關於○○的回覆，您已經寄給我了，對嗎？」

由於這句話裡暗含「**或許您已經回覆，但可能因為某些原因，所以我沒收到**，希望再確認一下」的語感在裡面，若在文章中加入像「很抱歉在您繁忙時冒昧打擾」這類緩衝語，則更能展現出你的品格與素養。

或許對方正因未能遵守期限而感到內疚，此時若收到表達關心與體貼的郵件或電話，肯定會對你的關懷心存感謝。

在越不滿的時候，越要避免指責對方，並圓融的應對。像這樣的情況，正是使用一百分回話技巧來提升好感度的機會。

上班必學的一百分回話

當對方意識到自己犯錯時，越能感受到來自你的關懷與寬容。

9 想不起對方名字，好尷尬

當有人對你說：「〇〇先生（小姐），最近好嗎？前些日子謝謝您的關照。」但你看著對方，卻完全想不起他的名字。

這是我在電視或廣播節目中，經常被問到的問題，許多人為此困擾。而我的學員中，不少人也有類似的提問，看來這種情況在日常生活中屢見不鮮。

碰到這種情況時，大多數人往往會想盡辦法敷衍過去，然而這並非明智之舉。假設對方接著和你說：「有關〇〇的事，晚點請與我聯繫。」但你連他的名字都想不起來的話，之後肯定不知道該如何聯絡，徒增自己的困擾。

所以，我建議大家，當下不要只想著如何敷衍，而是**把你所記得與對方有關的任何資訊說出來**。

例如，你可以試著回想，在哪場研討會或聚會中遇到對方、當時聊了哪些話題、是否有共同熟人、對方的公司名稱……任何些微的線索都好。

畢竟，沒人樂見自己被對方完全忘記，這樣實在太掃興了。但只要你能回想起哪怕只是一件微不足道的小事，都能讓對方感受到「我有好好記住你」。

如此一來，就能避免讓對方感到失望或尷尬。例如：

：「我們都參加某某研討會，對吧？當時受您照顧了。」

做到這種程度就夠了，隨後問：「能否再請教一次您的大名？」最後再補一句：「不好意思，我比較不擅長記名字……。」這種說法可以避免讓對方陷入「只有自己沒被記住」的窘境。

此外，當對方和你搭話，「最近好嗎？前些日子謝謝您的關照」時，**如果你能

先前受您
照顧了！
WHO
?

先於對方做自我介紹，例如「您好，我是諏內」，**隨後對方很可能也會主動報上自己的名字**。

其實，對方很有可能認得你但未必記得你的名字，所以此時主動做自我介紹，對他來說有如雪中送炭。

上班必學的一百分回話

只要讓對方知道你還認得他，就能把失望感降到最低。

10

「我清楚記得你，只是……」

如果遇到有人和你打招呼，但你對他毫無印象時，該怎麼辦才好？

「糟糕，他到底是誰？」想必此時你的大腦正高速運轉，希望能找出與這個人有關的記憶。

對方似乎清楚記得你，可是你卻完全想不起來他是誰。即便希望能在彼此的對話中，找出一些能喚起記憶的蛛絲馬跡，最後仍是徒勞無功。

於是你懷著愧疚的心情，決定順著對方的話繼續聊下去，但這種情況通常維持不了多久，就會露出破綻。

遇到這種緊急狀況時，可以考慮以下這個說法：

：「我清楚記得您，只是忘了我們在哪裡遇到的……。」

「我清楚記得您」是非常有用的一招，因為對方無法判斷其真假。接著說「方便再次請教一次您的大名嗎？」如此一來，既不會讓對方感到不快，還能讓對話順利進行下去。

上班必學的一百分回話

只要看著對方的臉，宣稱記得他，就不用為了讓自己有臺階下，而找容易被拆穿的藉口。

11

緊張時就坦承「好緊張」

我在培訓課程中經常會被問下列問題：

「我很不擅長在眾人面前說話，總是很緊張，該怎麼辦才好？」

「有沒有方法能讓自己在做簡報時不緊張？」

相信這是許多職場人士都會遇到的共同困擾。

做簡報時展現出從容自信的樣子固然重要，但這裡我想教給大家的行動策略，是在感到緊張下使用，既簡單又有效。

做法是藉由說出下面的話，來拉近與觀眾的距離，讓他們成為你的支持者。

：「我從昨晚開始就一直很緊張。」

：「我現在其實緊張得不得了……。」

這些話最好在開始簡報不久，就坦率的向聽眾們公開。

在你開誠布公後，基於人之常情，聽眾之間會自然產生支持心理，「沒事的，加油，放輕鬆」。在別人認為你「表現不好」或「這次的簡報很失敗」之前，**先釋放出訊息，「（今天特別）緊張」，能讓人留下深刻的印象**。

雖說向大家公開自己「很緊張」的時機越早越好，但就算在做簡報的過程中，你還是可以加入像這樣的真心話，「抱歉，因為我實在太緊張了，所以有些語無倫次。」來緩和現場的氣氛。

有意思的是，這麼做意外的能讓自己冷靜下來。

上班必學的一百分回話

會緊張，表示你了解這場活動的重要性，以及你想在這個重要的場合，讓自己以及認真的與會者，都能有好的體驗。

12

最棒的安慰語：「小事而已，沒關係！」

開會時，客戶不小心打翻放在會議桌上的茶水，連帶弄溼你準備的資料。
碰到這種情形，我想超過九〇％人都會脫口而出：

：「啊，您還好嗎？」

或許這是一般人最自然的反應，因為的確很難找到比它更適合的話。
然而，聽到「您還好嗎」時，在絕大多數的情況下，對方也只能回答「沒事，

沒怎樣」。儘管你是出於好意，但說出這句話時，可能讓對方覺得你也很慌張，而且還放大了他的無心之過。

因此，對於不小心打翻水的人而言，這樣的慰問未必是他想聽到的話。

我建議可以改用這句話。

：「小事而已，沒關係！」

以肯定句取代疑問句，語感上能傳遞出「這不是什麼大不了的事」，減輕對方的心理壓力。

接著，冷靜的補充：「我去拿抹布。」或「我再給您一份新的資料。」就能大幅提升你在對方心中的好感度。

當一個人感到緊張或不好意思的時候，真正想要的不是有人和他一起驚訝或慌亂，而是能讓他安心的反應和話語。

以肯定句來回應，不僅可以安撫失誤的人，還能讓在場的人更加認同、佩服你，即使面對突發情況也能沉著應對。

上班必學的一百分回話

當對方陷入慌亂的狀況時，只要你能營造出「這沒什麼大不了」的氛圍，就等於幫他度過危機。

第3章

不想被主管、客戶打擾，怎麼閃躲不失禮？

1 到了下班時間，所有人還坐在位置上……

完成當天工作後想下班回家時，卻發現主管坐在位置上還沒離開，通常人們有三種反應：

1. 不敢說自己要先下班，只能無奈的留在辦公室。
2. 用一副好學生的態度說：「我完成〇〇了，有什麼地方需要幫忙嗎？」
3. 落下一句：「不好意思，我先走了。」飛也似的逃出公司。

我們先檢視以上三種應對方式，會產生什麼結果。

選第一種，往後你可能就無法早點回家了。

而第二種，雖然部分公司在培訓時，經常教導新人要像這樣積極應對，但我並不推薦。因為如果對方說：「謝謝，這個就麻煩你了。」你等於挖坑給自己跳。

第三種是最不明智的做法，因為這麼做不僅會讓主管不開心，你肯定也會覺得不太自在。

正確的做法是，當主管問你是不是要下班時，準確的向他傳達「已完成今天的工作了」＋「對明天的工作充滿幹勁」。

具體的表達方式如下：

：「我已完成所有〇〇的工作了。明天上班時，我會從A公司的項目開始處理。」

：「好的，你辛苦了。」

：「您也辛苦了！我先告辭。」

這裡要注意的是，你在和主管說話時，要展現有幹勁、爽朗的態度，不要畏首畏尾，像做了虧心事，如此一來比較容易得到主管「辛苦了」等回應。除此之外，還能輕鬆化解原本可能會有些尷尬的場面。

上班必學的一百分回話

偷偷摸摸的下班，會讓某些同事或主管不愉快。反之看到你展現出對明天的工作充滿幹勁的樣子，能讓對方開心的目送你離開。

2

一句話躲過那些開很久的會議

假設某天下午你有個行程需要離開公司，但會議超過原本預定時間，遲遲沒結束，此時若再不走，就會遲到。碰到這種情況時，真的很難開口：「不好意思，我差不多該走了……。」

如果會議結束後你還有其他安排，我建議你先跟開會對象說一聲，**最好是在進入正題前，就讓對方知道這件事**。

要是沒先告知對方，突然在會議中說：「抱歉，我有事現在必須離開。」除了對方可能會在心裡抱怨：「有事為什麼不早點說？」或許還會對你產生負面印象：

「這個人不擅於安排事情。」

提前讓對方知道會議結束後你還有其他事情要處理，彼此較容易調整會議節奏，進而提高開會效率。

因為越晚開口會越難以啟齒，所以採取先發制人的策略是最佳選擇。

但要注意的是，怎麼表達也會影響對方心中對你的評價。

【NG 表達】

：「今天我必須下午三點前離開。」

：「我只有一個小時能聽你說。」

【OK 表達】

：「在今天下午三點前，我有時間能好好聽您的想法，請多多指教。」

簡單來說，就是使用「我在下午三點之前都有空」等這種正向話語，而非「只

有」或「必須」這類負面字眼。

NG 表達容易給人留下你要中途離開的印象。

而 OK 表達傳達出來的想法，是你「希望在有限時間內，努力完成事情」，因此對方也會抱持正面態度，接受你的說詞。此外，還能避免對方把你說的話，理解成「想快點結束這段談話」。

下次當你想提早結束線上或可能會開很久的會議時，就可以用本章節介紹的技巧來應對。

上班必學的一百分回話

在會議開始前，就表明你有其他安排並展現積極參與的態度，就不會引起對方的不滿。

3 會議中必須離席接電話

養成「越難開口的事，越要提前告知對方」這個習慣，日後很多事情做起來會輕鬆不少。而且，這麼做還能讓越來越多人理解你的行為。

舉個例子，今天你有一通絕不能漏接的重要電話，但講這通電話的時間可能跟開會時間重疊。以前你碰到這個情況時，或許只能暗自祈禱：「拜託，在會議結束前，千萬不要打過來……。」

事實上，該問題很容易解決，我們可以在會議開始之前，先告知與會其他人。像以下的說法：

：「不好意思，會議中我可能會接一通重要電話，屆時需要離開一下。」

如此一來，只要理由正當，即使在會議途中離席接電話，也不算失禮。

另外我建議，**當你準備離開位置接電話時，最好刻意對會議主持人或重要人物**（例如主管）**示意**。做出再次徵求對方同意的樣子，「抱歉，我現在可以去接電話嗎？」這樣能提高他們對你的好感。

若沒有事前告知，在會議進行到一半突然離席，不僅顯得非常突兀，還會讓其他人心想：「咦？這傢伙居然中途離開。」認為你非常沒禮貌。

但只要事前說明，大家就能理解，「啊，是剛才提到的那通電話吧？請便」，不至於干擾會議氣氛。

如果你還向與會的重要人物示意，就更不用擔心了。因為其他人會心想：「既然主管都同意了，那我們也沒什麼意見。」

這就是會議裡的重要人物能發揮的作用。

除了接電話外，今後無論是與人商量事情還是談生意，只要遇到需要緊急確認或回覆的郵件時，都可以活用上述策略來應對。

上班必學的一百分回話

開會前只要做到事前告知，就不會引起與會者不滿，認為你把接電話看得比會議還重要。而且等到真的要去接電話時，也不會那麼突兀。

4

狡猾結束那些你不想繼續的溝通

透過電話溝通時，即使已經得出結論，但對方依舊滔滔不絕，沒有結束通話的意思，真的很讓人困擾。

若對方是重要客戶或合作夥伴時，更難直接說一句：「抱歉，我還有急事。」然後掛掉電話。

遇到這種情形時，大多數人通常會抓住對方說話的空檔，馬上說道：「不好意思，之後我有個會議……」、「我差不多得外出了」，來結束這段對話。

我要提醒大家，在做這件事的時候，有兩點需要特別留意。

第一點是，用「啊，我現在才發現快要開會了！」這句話能使對方認為，你因為和他聊得太起勁，所以沒注意到時間。比起畏畏縮縮的說：「那個……真的很抱歉，但我必須掛電話了……。」前者的說法比較能博得對方的好感。

第二點是，就算結束通話讓你愧疚、不好意思，也要避免說「稍後回電給您」或「回到公司後，我再聯絡您」這種話。

因為再次打電話給對方，只會讓前面的事情重演一次而已，所以聰明的做法應是只說「我改天再與您聯繫」，而且**不講確切日期和聯絡方式**。

：「前陣子我和〇〇一起去喝酒，他酒量真好，他還找我續攤……。」

：「〇〇還是那麼有活力……啊！不好意思，我差點忘了接下來還有一場會議。關於今天的事，我會再與您聯繫。」

：「不好意思，是我講太久了，期待您的回覆。」

像這樣，透過傳達出「和對方聊得太過專注以至於差點忘了下一個安排」，接

著使用改天、之後再、過幾天等這類詞語，能避免被對方認為你單純只是想早點結束對話。

之後只要在適當的時機，**發一封電子郵件給對方**，為上次中途結束通話的事情致歉，整件事就算處理得當。而且還會讓人覺得你很有禮貌。

這種方法不僅適用於講電話，也能在面對面交談的場合使用。

上班必學的一百分回話

即使中斷談話，只要對方能感受到你專心在聽他說話，基本上就不會對你產生負面想法。

5

反駁別人時，先說「原來你是這樣想的」

許多人想表達反對意見或指出他人的錯誤時，習慣用下面這些話來開場：

：「我不是想反駁你……。」

：「我沒有要責備你……。」

：「我沒有生氣……。」

這幾句話表面上看起來似乎顧及到對方的感受，但實際上等於宣告，接下來

「我要開始反駁你」、「我準備來責備你了」、「我要發脾氣了」，這樣反而會讓對方提高警覺，適得其反。另外像「恕我冒昧……」，因很容易被認為是在挑釁，所以使用時也須多加注意。

原本是為了避免讓對方不悅才說的話，結果反而讓人聽了之後覺得不舒服，實在可惜。因此我認為，不要使用前述這些話比較好。

當我們要表達反對意見或指出錯誤時，首先要做的是接受對方的意見。不要使用前面提到的語句，然後不拐彎抹角、直率表達自己的看法。

例如當你要表達不同的想法時，可以試著這麼說：

：「原來您是這麼想的。我的意見是……。」

：「我明白您的意思了。不過還有△△的觀點，您覺得如何？」

另外，當你要指出對方哪裡有問題時，要小心、謹慎使用「為什麼」或「怎麼」這類詞語。

例如，主管對部屬說：「為什麼遲到了？」、「你怎麼做不到？」或者部屬對主管說：「您為什麼沒告訴我？」、「這怎麼不行？」都帶有責備語氣。

我們可以把為什麼、怎麼，換成「是什麼原因造成的？」或「具體的理由是……？」這樣的表達方式除了較沒有攻擊性之外，還能避免說完話後，彼此的關係變得緊張。

這才是擅長溝通者的提問方式。

上班必學的一百分回話

表達反對意見或指出他人的錯誤時，直率的表達自己的看法就好。

6 午休用餐巧遇主管，怎麼閃？

許多人都希望能在工作空檔或午休時間，獨自一人好好放鬆一下。

然而，此時主管碰巧跟你一樣去員工餐廳或附近的餐館用餐，而且在對你說完「辛苦啦，這邊沒有人吧？」後，直接坐到你旁邊，這時該如何是好？

就算對方不請自來，我們也很難對他說：「不好意思，請您坐到其他位置。」但不這麼做的話，又可能會犧牲自己的休息時間。

遇到這種情況時，建議大家不妨先帶著輕鬆的口吻，回答「當然可以」、「請坐」，然後像這樣：

：「但很抱歉，因為我需要花點時間處理一些電子郵件，所以等一下可能沒辦法專心聽您說話⋯⋯。」

：「但不好意思，因為我正在查資料，所以得集中精神一下。」

我稱這個方法為「歡迎與制約」，簡而言之，就是先表達「歡迎」，接著立刻補充「不過我可能無法和你聊天」。

只要事先說明清楚，之後就算你一直使用手機或筆電，只是偶爾搭上幾句話，對方也不會有意見。

這就是在開始聊天前，先下手打預防針的好處。

但這裡要注意的是，說話時別露出一副厭煩、被打擾的表情。首先，直視對方的雙眼，神情愉快的看著對方，並說「請坐」。

這麼做能讓對方先留下「你很好相處」、「你很受歡迎」以及「你是好人」的印象，當你解釋你可能無法和他盡興聊天的理由後，對方就不會對你長時間盯著手機看，而有微詞。

另外，如果你因為對方坐在自己身邊而感到不自在，想提早離席的話，也可以使用同樣的技巧來應對。例如，當對方坐下不久後，就盡快和他說：「不好意思，我要早點回去處理事情，請您慢慢用餐。」

這種策略能應用在各種情境，請大家根據自己的情況靈活運用。

上班必學的一百分回話

只要願意與對方同桌，即便沒有多做交談，也不至於引發不滿。如果你有不方便聊天的正當理由，也能被對方接受。

SNS
不好意思，
我要查些
資料。
別在意♪

7 明明順路卻不想和某人同行

參加完研討會這類活動後，有時我們會在回家路上巧遇認識的人，還發現他的方向和你一樣。如果對方是你希望能進一步交流或喜歡與之談話的人，倒是沒問題。但也有些人會讓你想避開他，覺得一個人走比較好。

碰到這種情況時，我們當然可以選擇假裝沒看到對方，不過這樣做確實有些尷尬（如除了內心過意不去，對方也可能發現你忽視他）。除此之外，是否還有更聰明的應對方式？

我的建議是，從站在不想讓對方等太久的立場出發，傳達出希望彼此能分開行動的想法。例如：

：「不好意思，因為我有一通電話要打，您先走吧，免得耽誤您。」

聽到這句話後，若對方和你只是點頭之交，通常不會堅持「沒關係，我等你」，通常會在回覆「那我先回去囉」之後，先行離開。

但使用這種說話技巧時，有一點需要注意的地方。

就是不要以「對方能和你一起完成的事」為理由。舉例來說：

：「你要去〇〇車站嗎？」

：「對啊。」

：「真巧，我們的方向一樣。」

：「但我途中會去一趟便利商店……。」

：「我也想順便買個飲料，一起去吧！」

不僅沒能避開對方，還增加了讓自己尷尬的時間。

有需要處理的郵件、要打的電話，或還要和其他人碰面等，對方不能和你一起行動，比較容易得到「我先走了」這樣的回覆。

有人可能會問，如果是在無法立刻抽身的電車裡遇到認識的人時，該怎麼辦？

這時可以使用前文介紹的「歡迎與制約」策略。

舉例來說，先和對方說：「您好，今天工作辛苦了！」（歡迎），然後加上「不好意思，我需要回覆幾封郵件」或者是「抱歉，我現在必須處理○○。因為剛才收到通知，今天要完成這件事」等，你得使用手機或筆電來處理工作的理由，說明現在無法和對方聊天（制約）。

最後分開時，若能說出下列這類的話，還能為自己的形象加分。

：「真高興能見到您！如果有機會，期待再次交流。」

和對方待在一起時，如果你表現出心不甘、情不願的樣子，可能會讓對方感到

不快或產生內疚。無論如何，避免傷害到別人，都是最要緊的事。

用「無法和你一起行動的理由」這種狡猾的技巧，可以自然的拉開你和對方的距離，請善加使用。

上班必學的一百分回話

只要能傳達出「不想讓您久等」的心意，就不會讓對方覺得被你拒絕。

8

部門聚餐的為難

當部門聚餐或同事、主管邀你共進午餐或晚餐時，總有人問：「有想吃的嗎？」、「今天想吃什麼？」

這類問題看似簡單，但往往讓人傷透腦筋，再加上根據回答，會給人留下不同的印象。

有些人因為沒有想法、出於禮貌或者是想配合對方喜好，而回道：「我吃什麼都可以，看你們。」

雖然我們不難理解，甚至自己也可能會給「都可以、隨便」之類的回應，但說出這句話，其實等於掃興，還可能讓對方因此產生「這個人缺乏主見，沒有魅力」的印象，所以還是不要使用為佳。

那麼，該怎麼回覆比較好？你可以考量對方的飲食喜好後，再提出你推薦的菜系或餐廳，例如以下兩個例子：

：「因為我中午吃義大利麵，所以晚餐想選擇日式或者是中式料理，您覺得呢？」

：「我想吃口味淡一點的料理，不知道您想不想嘗試○○或△△？」

另外我建議，**不要只給一個選項，而是提出二到三個為佳**，因為對方能從中做選擇，所以不會覺得自己被強迫推銷。而且還能避免對方在心裡失望的嘀咕：「我只是問一下，誰知道他會回得這麼冷淡……。」

除此之外，也可以參考下面的回答：

：「要不要吃燒烤？還是去課長之前提過的義式料理店？那裡餐點好像都很好吃。」

這麼做能展現出你記得別人曾經說過的話，讓回答聽起來更體貼周到。

上班必學的一百分回話

無論是商務場合還是私人聚會，「隨便、都可以」是令人困擾的答覆。提供具體又簡單的建議，才能幫助對方輕鬆做選擇。

9 獲得他人讚美時，直接說謝謝

當對方讚美你的隨身物品、服裝、髮型、工作成果或者是性格時，你通常會如何回應？

從民族性格與文化來看，許多亞洲人都會謙虛的說：「哪裡，不敢當！」、「沒有你說的那麼好。」、「這只是便宜貨啦！」

然而，近來流行的觀點認為，**當獲得他人稱讚時**，應避免使用否定語或謙遜詞，而是**直接向對方表達感謝之意**。

這種觀點同樣適用於商務場合。例如：

：「你今天的簡報做得很棒！」

：「真的嗎？感謝您的誇獎！」

：「〇〇的資料做得非常好！」

：「謝謝您這麼說，這樣我就放心了。」

在收到讚賞時，應該真誠表達自己的喜悅，會讓對方覺得讚美你很值得。

話說回來，雖然每個人接受讚美的方式都不同，但如果每次當你被別人誇獎後，都只說一聲「謝謝」就帶過，可能會讓一些人覺得你不夠謙虛。

為了避免發生這種事情，我建議大家在接受別人的讚美後，最好同時表達對對方的感激與敬意。例如：

：「謝謝部長！能得到您的肯定，讓我備受激勵。」

：「能得到前輩的認同，讓我心裡很踏實。」

：「其實我原本很緊張，但聽到您的話之後，著實鬆了一口氣。」

「感謝＋捧對方」說話法，除了可以表達出你因為受到讚美，而產生喜悅和感激之外，還能傳達出你對對方的敬意。

如此一來，不但讓對方高興，還可以提升別人對你的好感，可謂一箭雙鵰。

上班必學的一百分回話

「感謝＋捧對方」說話法，讓誇獎者反過來收到讚美，因此感到愉快，進而提升對你的好感。

10

比說「加油！」更給力的加油

面對即將進行重要簡報而緊張的部屬、要去洽商的直屬主管、面臨重要資格考試的同事，或向你傾訴煩惱的人時，會對他們說什麼？

我想大家最常使用的，應是「加油」。

然而，這句話有時很難有效鼓勵對方。

原因在於，在生活中，人們太過氾濫使用加油二字，因此很容易讓聽者認為這只是敷衍的客套話。甚至根據說話方式，還可能讓人覺得被刻意疏遠。

因此我建議大家，可以使用像下列句子來鼓勵別人：

：「衷心期待你能發揮全部的實力。」

：「祝你成功。」

另外，像「如果您能一切順利，我也會感到非常高興」之類的話，也能展現出你與對方同在的心意。

因為**加油，是對方要努力的事，而支持或祈願，是你可以為對方做的事**。所以使用「加油」這句話的人，有時會被認為事不關己、不夠親切。而前面向大家推薦的句子，則能表達出「我和你一樣都在關注這件事」或「我希望能為你做些什麼」的善意。

由此展現出你具有同理心、和對方站在同一陣營。

順帶一提，有些人會說：「（我會）在背後默默支持您。」

但以我的觀點來看，這句話也是NG表現。根本不需要「在背後」這三個字，說這句話的人或許是想表現謙遜，但對當事人而言，可能覺得你只是想表達「你的事情與我無關」而已。

相信比起「在背後」，坦率的表現能讓對方更開心。與其迂回應對，直接說出「我支持你！」才能清楚表達你的心意。

上班必學的一百分回話

當我們為某事煩惱時，如果身邊有個人願意把你的事當成自己的事來面對，內心彷彿打了一劑強心針。

第4章

改善人際關係的微舉動

1 直視主管雙眼

我曾聽朋友分享一件事：他的主管每天早上都比他還早進辦公室，朋友因此倍感壓力。

確實，雖然遵照規定準時到公司上班並沒有可議之處，但當你走進辦公室時，看到主管早已坐在位置上，還是會不由自主的感到有些壓力。

在部分職場上，仍存在「部屬應比主管還早到公司」的觀念。處在這樣的工作環境，比主管晚進辦公室可能會讓你感到尷尬，不敢直視對方，甚至連問候都降低音量。

但說實在的，既然你沒遲到，情緒就沒必要為此受影響。

碰到這種情況時，你該做的是與主管進行眼神交流，對上視線時，有精神的打招呼即可，「課長，早安！」比起懷著沒必要的罪惡感、草率的問候，這種方式能明顯提升主管對你的好感度。

或許大家很難相信，但實際上，許多人在問候他人時，不習慣正眼看著對方。因此只要你能做到眼神接觸，就已經能從眾人之中脫穎而出了。

上班必學的一百分回話

打招呼時，直視對方的雙眼，能讓人感受到善意與尊重。

2

問候拉高音，對談壓低音

「Sol」音階是一種會讓人聽起來覺得很舒服的音階。

在我開設的課程裡，教導學員如何接待客人時，例如說初次見面、早安、您好、歡迎光臨等問候語時，都要用 Sol 音階來發音。

這是因為 Sol 音階的聲調，會稍微高於自己平時說話的聲音，聽起來輕快、有活力。我的學員嘗試這樣發音後，也能明顯感受到兩者的差異，認同 Sol 音階讓人感到愉快。

大家可以試著練習提高音調，開朗的和他人打招呼。

說到這裡，或許有人想問，打完招呼後，在接下來的商談、會議或做簡報時，是不是也要保持相同的音調？

事實上，Sol 音階因稍微偏高，較不適合用於商務對話。用了，可能會使客戶、同事跟主管認為你有些浮躁、不太牢靠。

因此，我**建議大家可以在和對方打完招呼後，把聲調換回與自己的自然聲音相符的「Fa」或「Mi」音階即可**。

根據場合來靈活調整音調，當你說話聲音有高有低，別人自然會覺得「這個人講話真悅耳」，進而更容易把注意力集中在你說的事情上。

上班必學的一百分回話

根據情境，使用不同音階來交談，除了讓人感到舒適，你說的話更容易被聽進去。

3 建立第一印象的竅門

我在講課時，不少學員反映，自己與人一對一交談時都沒問題，但在面對多人的場合，會突然畏縮，很難與對方眼神接觸，甚至無法主動開口和別人交談。

舉個例子，打開會議室門的時候。

令人意外的是，不少人一看到會議室裡已經有許多人就座，由於不習慣被大家盯著，所以馬上低頭，然後說一句：「不好意思。」就逕自走進去。

然而這樣的舉動，等於主動暴露你沒有自信且缺乏溝通能力。

相信大家都有這種不快經驗：對方雖然和你打招呼，卻連看都沒看你一眼。這種態度帶給別人的感受，遠比當事人想像的更加冷漠，且讓別人不舒服。

不論會議室裡有誰，首先要做的是抬起頭走進去，然後盡量和裡面所有人打招呼，並進行眼神交流。

在一個人多的環境中，主動去和別人打招呼，讓彼此的目光有所接觸，對方便會感受到自己正在接受某種「特別待遇」。

要記住，打開門的那一瞬間，是你在會議上給人留下第一印象的好機會。

如果打招呼時你能好好的看著對方，他會覺得你是誠實、有禮貌的人，並對你產生好感。甚至，這樣的良性互動，還可能對會議帶來正面影響。

反之，如果你一開始就給人沒禮貌、冷漠等壞印象，那麼之後想重新贏得他人的信任，會比較困難。

「打開門，進行眼神交流並問候」，雖然只是一個簡單的動作，但如果錯失這一瞬間的機會，實在太不划算了。

這個方法同樣適用於求職面試等場合，請大家務必不要輕忽。

上班必學的一百分回話

一個真摯的眼神交流比起精心準備好的社交辭令，更能讓別人感受到你的善意。

4 上臺簡報時，刻意找支持者

每次看到學員因準備演講或簡報而顯得緊張時，我都建議：「盡快在聽眾裡找到你的支持者。」這裡提到的支持者，是指會專注看你，或聆聽時會點頭的聽眾。

通常，聽眾中總會有一些低頭做自己的事或面無表情看著你的人。如果報告過程中過於在意他們，你可能會產生負面想法，「那個人好像對我的內容不感興趣」、「是不是覺得我講得很無聊？」進而失去信心，無法發揮原有的實力。

反過來說，若有態度友善、專心聆聽的人，只要把視線集中在他們身上，就能讓自己放鬆許多。以上小技巧只能算是暖身。

接下來，我還想和大家介紹一種「反其道而行」，且更具策略的方法：如果臺下聽眾態度不友善，這時目光就鎖定會場內的關鍵人物。我們可以事先調查，聽眾裡哪些人擁有決定權或位居高職。如果不清楚，則可以依據外貌、年齡或態度大致推測目標。這麼做**會讓人產生尊榮感：「這場簡報是特別為我準備的」**。

另外，那些在簡報過程中幾乎沒正眼看過你的聽眾，若你能在他們偶爾抬頭的一瞬間與其對到眼，也能產生不錯的效果。或者，你可以讓視線移動方向呈現S形或Z形。目光依序掃過會場的四個角落，讓自己看起來像對全場聽眾說話。

演講或做簡報時，如果你有足夠的勇氣且態度積極，心想「我一定要讓那個人滿意這次的內容」，你的口頭表現會更有說服力。我們可以在此基礎之上，刻意的把目光投向目標聽眾。

上班必學的一百分回話

刻意與某個聽眾對上視線，能讓他覺得自己獲得特殊待遇。

5
快速拉近雙方關係

在教練技巧（Coaching）中，「信任關係」（Rapport）是廣為人知的實用方法。不論主管與部屬面談，還是與初次見面的人討論事情等，在雙方都會有點緊張的場合上，使用這種方法可以順利打開對方的心扉。以下是具體的應用範例。

● 座位配置

在會議室、會客室或咖啡廳等場所，我們通常會面對面坐下。然而，這樣會頻繁接觸對方的目光，若此時彼此都還不熟悉，很容易因此感到緊張。

我建議，不妨**選擇桌角兩側的位置入座**。這樣雙方可以只在必要的時候，保持適當的眼神交流，比直接面對面更容易對話。**坐在對方斜對面的位置**也是很好的選擇，這樣彼此不僅可以保持適當的距離，還能緩解緊張。談完正事後，若雙方約好一起到酒吧小酌，不妨**並排坐在吧檯前**，能讓人放鬆。

總而言之，關鍵就是選擇不會讓雙方的視線過度交會的位置入座。

●點餐方法

點餐時，先問對方想點什麼，**等對方回答後，接著說：「我跟你點一樣的。」**

別小看這樣一個簡單的動作，因為僅是「我們的喜好相同」和「點了相同的東西」，就能讓對方對你產生好感，拉近彼此的距離。

不論對象是誰，「我也跟你點一樣的」是一句萬用且簡單的魔法金句。

●稱呼對方名字

和別人談話時，盡可能叫對方名字。例如：

：「〇〇小姐，早安。」

：「□□先生，請坐。」

：「△△先生，感謝您今天百忙之中撥冗與會。」

雖然這只是一件簡單的事，但當人們聽到自己的名字被提及時，會對對方產生親近感。如果彼此初次見面，對方會因你記住了他的名字而開心。

除了商務場合外，參加相親或與朋友互動等的私人場合時，同樣適合使用上述方法。如果最近你想與某人拉近距離，請務必實踐這個技巧，相信你能親身體驗其效果。

上班必學的一百分回話

雙方見面時，對方和你一樣緊張。此時若你的行動能傳遞善意，就能讓對方放心與你展開對話。

6 使用鏡像法則的時機

當我們與他人見面討論事情時，有時會因性格差異，讓對話的氣氛變得不太好，以至於無法順利溝通。

你是否曾接觸過話不多且表達能力不佳的人，因對話難以接續，而感到無助？儘管你努力尋找話題以打破僵局，拉近彼此的距離，但每次對方聽完你的話之後，都只做出「嗯」、「哦」等很難接話的反應。碰到如此尷尬的局面時，究竟該如何是好？

這種情況正是使用**鏡像法則**的好時機。

因為一般來說，人往往對與自己的態度、語調、語速、手勢、坐姿和表情相似的人有親近感。

所以，當我們面對安靜的人時，也可以安靜的和他相處。對沉默寡言或不擅於說話的人而言，就算他明白你是為了緩和氣氛而不斷的找他聊天，但過於密集的對談，反而會讓他感到不自在。

因此，與其勉強自己和對方硬聊，還不如選擇「不畏懼沉默」，冷靜的應對，對方反而會感謝你。因為你一言我一句，持續對話並不是這個場合的唯一選項。

當你發現眼前「這個人話比較少」，可以選擇主動配合他，刻意創造安靜的片刻，這絕對是一種體貼對方的行為。

另外，鏡像法則還可應用在眼神交流上：**根據面對的對象，來調整眼神接觸的頻率**。

舉例來說，若互動對象不太直視你或經常移開目光，是個容易害羞的人，要避免頻繁看向他的眼睛。因為這麼做會給對方造成壓力，進而認為和你待在一起非常不自在。反之，若談話對象會專注看著你時，你卻總是迴避他的目光，則讓對方感受很差，甚至認為你很沒禮貌。

由此可知，**我們需要在對話初期觀察對方是什麼類型的人**，然後配合、調整眼神接觸次數。

順帶一提，當你想簽下合約或展現自身的專業形象時，稍微增加與對方眼神接觸的次數，會是個不錯的做法。

例如，在你和對方確認內容：「這樣可以嗎？」或終於拍板定案：「好的，接下來就交給我吧！」別忘了要刻意與對方的目光交會。

上班必學的一百分回話

就算沒有多做交談，只要對方認為跟你相處很輕鬆自在，就比較容易對你坦誠相見。

Check

一對一時使用的說話技巧

一對一交流時，可以藉由入座位置、肢體語言讓對方放鬆，進而打開心扉。

☑ **視線**

維持相同頻率的眼神接觸。

☑ **飲料**

點和對方一樣的飲品。

☑ **入座位置**

雙方坐在桌角兩側的位置，避免直接面對面。

☑ **肢體語言**

不動聲色的跟對方做相同的動作，例如雙手交握或手肘靠在桌面上。

7 不要連用五次「嗯、喔、對啊」

聊天時，若我們要附和他人，通常會有以下幾種說法：「是的」、「嗯」、「哦」、「對啊」、「是喔」、「原來是這樣」、「確實如此」。

在商務場合中，使用「是的」、「沒錯」和「原來如此」比較合適。假設使用「是喔」、「原來是這樣」和「確實如此」，則會給人不太正式的感覺。

看到這裡，相信大家已經發現，在正式場合中使用的附和語種類其實並不多。

那麼，在選擇不多的情況下，有哪些方法能讓對方感受到「我對你的話很有興趣」，同時願意繼續說下去？

事實上，即使只有「是的」、「沒錯」和「原來如此」這三種附和語，也可以用得很有技巧。關鍵在於，**不要連續使用同樣的附和語超過五次**。

對說話者來說，最在意對方是否認真聽自己說話。如果聽者始終只回「是的」，會讓說話的人覺得「這個人似乎在敷衍我」、「他是不是對我說的內容沒興趣？」進而感到不安。因此，當我們在連續使用某個附和語三到四次後，不妨換成其他的來回應對方，即使選項只有三種，也可以使用得很高明。

例如，我們可以提醒自己，「剛才連續用了四次『是的』，接下來改說『沒錯』」或「下一個要用『原來如此』」。改變附和語雖然只是一件小事，但這麼做卻能讓說話者更願意表達意見，請大家一定要試試看。

上班必學的一百分回話

改變附和語能讓說話者覺得你對他的話感興趣，因此更願意敞開心對談。

8

應對要有禮，但不必過於有禮

與他人互動時，究竟要禮貌到什麼程度，其實不是一件能簡單判斷的事。

如果客戶和你交談時說法較為正式，那麼以同樣得體的敬語回應即可。

但是碰到主管、老闆以輕鬆、隨意的語氣與我們交談時，你是否曾猶豫過，該怎麼應對比較好？

現在請大家先看下面這段對話：

：「妳好，最近過得如何？」

：「不好意思，久疏問候。感謝您的關照，我過得很好。○○看起來很有精神，真是太好了。」

：「對了，之前提到的數據，目前進度如何？」

：「非常抱歉，讓您久等了。我預計明天下午把資料寄給您。」

：「了解，那就麻煩妳了。」

：「好的，非常抱歉讓您等了這麼長一段時間，不周之處還請海涵。」

女性的回答雖然非常有禮貌，卻給人感覺繁文縟節又做作。

話雖如此，在和客戶交談時，我們不可能完全不使用敬語。

在我的說話技巧課程中，許多學生都有這個困擾：「不想說話過於嚴謹、嚴肅，但又擔心說出來的話不夠得體……。」

我的結論是，與人談話時始終**「使用比對方高一級的敬語」**就對了。

在說話有禮貌的基礎之上，加入比對方使用的敬語稍微正式一點的詞彙，既不至於顯得過於見外，也不會顯得失禮。例如：

：「妳好。最近過得如何？」

：「您好！我一如既往過得很好，○○看起來也很有精神！」

：「對了，之前提到的數據，目前的進度如何？」

：「那份資料應該明天下午就能寄給您了。」

：「好的，那就麻煩妳了。」

：「非常抱歉讓您久等了，不周之處，還請多多包涵。」

像這樣的對話，既可展現出你對對方的尊重，還能營造出適度的親切感。

與人談話時，不刻意使用敬語的人之中，有些人出於「想讓對方放輕鬆」或者是「希望對方和我交談時不要有負擔」的想法。但也有些人心裡可能想：「就算我沒用敬語和對方說話，但他仍應知道我們在立場上存在差異，所以必須很禮貌的和我說話。」

不論是哪一種情況，使用比對方「稍微正式一點」的敬語來交談，都能向對方傳遞出「您的地位在我之上」。

我們可以透過搭配不同的敬語，根據想表達的敬意程度進行微調。能根據與對方的談話內容選擇適當的說法，才是「懂得說話的人」。

上班必學的一百分回話

只要能讓對方感受到與你之間保持著適度的距離和優越感，談話時就會相當順暢。

9 遞交資料時，刻意放慢速度

雖然有些人與客戶見面時，表現出來的舉止非常得體，但在面對公司的主管或前輩時，卻往往粗枝大葉。

請讀者回想一下，你是否曾做過這麼不禮貌的行為：因正在忙手上的事，結果在遞交文件給主管時，順口說了一句「麻煩確認一下」，也沒正眼看對方，就逕自轉身離開。

若你想為自己的職場加分，就要把握與關係親近的主管、同事接觸時的機會，表現出有禮的一面。

接下來，我以「文件交給主管」為例來說明。

首先，文件朝著自己的方向擺正，且視線落在該文件上。**做這個動作的重點，在於要讓對方看到**，因為這麼做可以傳遞出「你在交出文件前，已先檢查過」。

接下來，把文件旋轉一百八十度轉向主管。**做這個動作時要刻意放慢速度，以表達對對方的尊重**。這時，不用像頒獎那樣深深鞠躬，只需要說一句：「麻煩您確認這份文件。」並輕輕點頭，身體前傾約十五度即可。

另外，和前文提過的情境一樣，這裡**要記得與對方的目光保持接觸**。

關於這個狡猾技巧，有一個令我我印象深刻的故事。

過去某位女學員在私人課程中問我，是否有辦法改善她與主管的人際關係，於是我便把這個方法介紹給她。

結果沒想到僅僅做了一次，之前把這位女學員視為眼中釘的主管，立刻改變了與她相處時的態度。不久後兩個人的關係變得很好，如今這位學員更成為主管器重的部屬。

不少人雖然與重要的客戶見面時，會注意自己的行為舉止是否得宜，但在和公司同事相處時，卻往往忘記也應以禮相待。但正因為如此，我們更不能放過這個可以讓自己在眾人中脫穎而出的絕佳機會。

由於大家早已習慣你平常工作時忙得不可開交的樣子，所以即便只是做出短短幾秒得體舉止，在對方眼中也是令人意外的一面。而這樣的反差有助於提升其他人對你的評價。

上班必學的一百分回話

如果我們能在忙碌中也不忘向其他人表達敬意，那麼對方肯定會對你另眼相待。

Check

應對主管的策略①

請主管確認資料時要刻意放慢動作。
這麼做可以讓對方感受到你的細心和周到。

☑ **視線**

遞交資料時，別忘了要
和主管做眼神交流。

☑ **拿資料的方法**

請用雙手拿資料，
而非單手。

☑ **姿勢**

身體前傾 15 度，然後在
說出「麻煩您確認一下」
時，同時遞出資料。

10 請示主管時站的位置

在日本傳統的商務禮儀中，有一條鐵律是，「當主管叫你的名字時，要立刻回應，無論手上正在進行什麼工作，都要先停下來，並盡可能迅速的站到主管桌前，問：『請問有什麼事？』」。

雖然這個原則的基本思維，直到今天仍沒有太大的改變，然而，有時我們會不方便中斷正在處理的工作，如果強行停止的話，可能會導致後續需要重新來過，相當麻煩。

這一節我要為大家介紹，就算無法立刻做出回應，也能讓主管對你留下好印象的方法。

首先，**聽到主管叫你時，要立刻回答「是」**。因為這是職場溝通的基本常識，所以請務必遵守。回答「是」的同時，別忘了**看向主管**。即使只是極短的時間，一個眼神接觸就能避免自己的形象被扣分。

接著，我們可以補充說明自己目前的狀況，例如「請稍等一下」、「我回完一封緊急郵件，就立刻過去」，待事情處理完後，以最快的速度到主管面前。

要注意的是，這時不要站在主管的正前方。這是因為坐著的人和站著的人之間的視線差距很大，若你站在主管正前方，可能會無意間給對方帶來壓迫感。

如果站到主管座位側邊，則可能會顯示出你不懂得如何掌握適當的距離。

此時，**你應該站的位置是主管的斜前方**。

如果能前傾身體約七度，保持請示姿態，並說：「讓您久等了，請問有什麼事？」就算順利過關了。

即使無法立即回應，只要能做到上述這些事，主管對身為部屬的你仍會給予正面的評價。

Check

應對主管的策略②

到主管的座位前時，注意自己站的位置和角度。

☑ **站立位置**

要站在主管的斜前方而非正前方。

☑ **視線**

接受指示時，眼神要看著主管。

☑ **手上的東西**

手上有紙筆的話，能創造你會專心聽對方說話的印象。

☑ **姿勢**

身體前傾約 7 度，維持「請示姿態」。

上班必學的一百分回話

迅速的回應能讓人放心。此外，就算讓對方稍等一下，只要站的位置和角度能展現出敬意的話，那麼別人也不會太介意。

11

最強送禮技巧

有些送禮技巧能幫我們在把禮物或伴手禮遞出去時，同時擄獲對方的心。

不論是拜訪時的伴手禮，或為了感謝平日對自己的關照，在中元或年末時準備的謝禮，將其遞交給有生意往來的客戶時，附上一句能打動對方的話相當重要。

許多人在送禮時，會說：「這是送給您的禮物，請收下。」或「請您有空時品嚐看看。」其實這種說法，無法傳遞出你為何選擇這份禮物給對方的心意。

另外，近年來像「區區薄禮，不成敬意」或「不知道能否合您的胃口」等偏負面的陳述，也逐漸不受世人歡迎。

因此，送禮時最好的做法是，附上一句像「我在挑選禮物時，想的是你的喜好和笑臉」，這類能明確傳達出個人心意的話。

：「因為知道您喜歡○○，所以我特意選了這份禮物。」

：「這是當地非常受歡迎的土特產，希望您會喜歡。」

：「由於現在正值產季，是風味最佳的時候，請您品嚐看看。」

既然都要送禮了，我們當然希望對方在收到禮物時，還能因為一句話，同時感受到來自我們的誠心和好意。

至於有關如何挑選伴手禮的方法，請大家參閱第一八八頁。

上班必學的一百分回話

當對方知道這是你為了他精挑細選的禮物時，心裡一定很高興。

12 我放在包包裡的貼心小物

出門時，為了解決可能出現的身體不適，我會在包包裡準備好ＯＫ繃、胃腸藥或葛根湯（按：中醫的經典方劑，能緩解感冒初期症狀、改善頭痛和肌肉痠痛等）等，以備不時之須。不過實際上使用這些東西的人，在大多數的情況下並不是我，而是友人或工作夥伴。

此外，我還會隨身帶著好看的信紙和精美小紙袋。因為若臨時碰到要把少量現金交給對方時，直接遞交會顯得不太禮貌，所以隨身攜帶紙袋會讓我比較安心。

至於信紙除了可以包裹現金外，還能在送禮給對方時，附上一則自己親筆寫下的訊息，或是在臨時需要寫下自己的聯絡方式給對方時派上用場。

在今天，隨身攜帶手帕雖然已成為理所當然的社交禮儀，但有些人出門時會特地準備兩條手帕，以便在遇到有需求的人時能提供幫助，這是一個很窩心的想法。

儘管包包裡要放什麼因人而異，但我建議大家，平時不妨隨身攜帶一些你認為「要用到時，若有人能拿給我，我會很開心」的物品在身上。

當對方接收到你不經意的溫馨舉動後，除了會感謝你，還會認為你是貼心、能幹的人，體會到你對他人釋放出的善意與愛心。

最後要注意的，是關於使用藥品。當你發現對方可能需要時，請先說：「我剛好帶著〇〇，如果有需要的話，可以告訴我。」是否需要使用由對方自行判斷，千萬不要強迫他。

上班必學的一百分回話

一個不經意的舉動，就能讓對方感受到你對他人的敬意和關懷。

Check

隨身攜帶物，助你好感加分

在包包裡備好需要時能立刻拿出來使用的物品，藉此展現伶俐與貼心（插圖僅供參考）。

☑ **備用的名片**

建議準備 5 張以上，以應對可能的額外需求。

☑ **手帕（兩條）**

若有人需要使用手帕，你就能迅速遞給對方。

☑ **安全別針**

當衣物破掉或出現其他問題時，安全別針能提供很大的幫助。

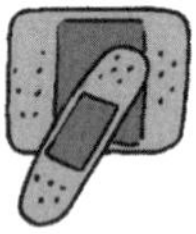

☑ **OK 繃**

腳被鞋子磨破皮或身上受點小傷，雖然是生活中經常會碰到的事，但因為隨身攜帶 OK 繃的人很少，所以遇到需要使用它的時候，更能凸顯其珍貴。

☑ **精美小紙袋和信紙**

遇到要把現金或小東西交給對方時，可將其裝進紙袋後再交出去。遞交時若能附上一張親筆留言，會顯得更有禮貌。

☑ **藥品**

隨身攜帶能緩解肚子痛或初期感冒症狀的藥品，可以傳遞出你對別人的關懷。

☑ **其他**

雖然包包裡要放些什麼因人而異，但希望大家都能在自己的包包裡準備好能傳達出關心的物品。

第5章

走到哪裡都受歡迎的職場潛規則

1

線上會議的原則：早進早出

在現代，使用 Zoom 這類通話軟體來開線上會議，已成為家常便飯。

然而，因為目前大家仍缺乏線上會議禮儀的共識，所以不同公司或業界，有時在碰到「這樣做正確嗎？」的情況時，只能因循舊有的會議習慣。

在日本商場中，拜訪其他公司時，在約定時間的兩、三分鐘之前抵達，被認為是基本禮儀。甚至，有些公司會在培訓課程告訴新人：「如果你在和對方約定好的時間抵達，也可能會被認為是遲到。」

我注意到，在人們廣泛使用線上會議的初期，往往會依照過去開實體會議時的習慣來行動。然而，隨著時間推移，多數情況下，線上會議主持人在會議即將開始前，才向與會者發出進入會議室的邀請。因此像「會議開始前五分鐘，所有人都要到齊」這類共識，已經逐漸消失了。而且如果與會成員太早進入線上會議室的話，可能需要找話題來填補等待的時間，對大家來說都是一種負擔。

有鑑於此，我建議大家只要**在線上會議開始前的一分鐘進場即可**。當然，你根據過去開會習慣早點到場，並不會讓自己的形象變差，反而可能讓人留下好印象。

那麼，線上會議結束後，我們應該在什麼時間點退出比較合適？

跟與會者互相道別後，有時大家會因為相互禮讓而遲遲不退出會議室。此外，也有人認為，因線上會議還沒有明確規範，且自己不是上位者，如果比客戶或主管早退出，看起來很沒禮貌，但這麼做只是在浪費彼此的時間。而且，重複和其他人說「謝謝」、「失禮了」或多次點頭致意，實際上可能讓雙方都不自在。

為了避免這種情況，我想提倡結束線上會議的「諏內式原則」：**由主持人向大家明確宣布這場線上會議正式結束，並在三秒鐘後退出**。例如：

：「感謝各位在百忙之中參與今天的線上會議。會議到此結束，由我來結束連線，謝謝大家。」

這麼做之後，其他與會者就不用擔心該怎麼做才能有禮的離開了。假設會議主持人遲遲沒離開，你可以帶著敬意解釋，「因為接下來還有一場會議，先告退」或「我就先離開了，謝謝大家」，然後直接退出即可。

與其一直觀望，不如果斷行動，這麼做更能給人留下你是「幹練的商務人士」的好印象。

上班必學的一百分回話

不是只有你對模糊的規範感到困惑，如果能在線上會議結束後，果斷且有禮的離場，其他人也會如釋重負。

2 主動跟對方交換名片

很多人在剛踏入社會時，都曾被提醒過，交換名片是商務禮儀中的基本功。遞出名片的順序，除了要考慮彼此的職位和年齡外，通常還會在分析完訪問者與受訪者之間的地位高低後做出決定。今天如果我方地位低於對方時，就要比對方先遞出名片，因為這麼做才合乎禮數。

另外，或許不少人都被教過，**遞出名片時，位置要稍微低於對方的名片**。

以上這些都是日本商務禮儀的基本常識。

但在這一節，我想和大家分享更進階的做法：就算你是受訪者或職位和年齡都高於對方，**無論何種情況，最好都主動先遞出名片**。

如果你的地位比對方低，這麼做當然符合禮節；假設你的地位較高，這樣的行為會讓對方認為你是親切的人。

說得更明白一點，主動遞名片是一種無論身分高低，都能讓人有好感的行為。

另外，當我們遞出名片時，高度只須稍微低於對方的名片即可，別過猶不及。若對方遞出名片時的位置比你更低的話，這時別再把自己的名片放得更低，因為這樣只會顯得很滑稽。碰到這種情況時，你只要**與對方保持相同的高度交換名片**就好，如此一來，既得體還能展現出你不拘小節的風範。

話說回來，大部分的人應該都有過這種經驗：偶遇他人突如其來的問候，頓時想不起來自己的名片放在哪裡。當對方已經拿出名片等著和你交換，你感到更加心慌，卻還是找不到名片。

碰到這種情況時，**最多只能讓對方等自己十秒**。

如果過了十秒後還是沒找到的話，乾脆先停下來。若是讓對方看到你因為一時找不到名片而慌慌張張的樣子，反而可能產生「這傢伙似乎不可靠」的印象。

接著，你可以和對方這麼說：

：「您好，我是〇〇公司的△△，很高興認識您。不好意思，稍後我再奉上名片。」

像這樣先好好寒暄，然後禮貌的接下對方的名片，才是正確的應對方式。

上班必學的一百分回話

不會過度拘泥於商務禮儀，根據情況靈活應變的人，往往更能贏得別人的信任。

承蒙關照！
稍後我再奉上名片。

3

如何化解等待電梯抵達的尷尬

在會議或商談結束後送客戶搭電梯時，大家經常會有這類煩惱：

1. 在前往電梯的路上，很難找到合適的話題。
2. 等待電梯抵達的過程中，沉默很尷尬。
3. 客人進入電梯後，門未關上前，那段時間令人發窘。

這是過去幾年我最常被問到的問題，事實上，解決方法卻出奇的簡單。

大家容易犯的錯，是在**前往電梯的途中，一直找話題和對方聊，然而真正要努力的，應該是抵達電梯時找話聊才對**。

所以，直到抵達電梯之前，請先保留你準備的話題。

由於許多人在前往電梯的途中拚命聊，聊到話題都用完了，因此一旦等待電梯到來的時間超出預期時，內心便開始很焦慮：「糟糕，我不知道還能講什麼。」

但事實上，大家在移動到電梯的這段時間，因為都在走路，所以和靜靜等待電梯到來時相比，就算彼此不多做交談也不會有什麼問題。

最容易讓人感到尷尬的時間，往往是大家抵達電梯門後等待電梯到來，以及客人進入電梯後，直到電梯門關閉前等兩段時間。

因此我建議大家，為了在真正需要的時候能派上用場，直到抵達電梯為止，請先保留想和對方聊的話題。

例如下列範例，只要是還沒提過的內容都可以說：

：「請替我問候貴部門的〇〇部長。」

：「今天下午可能會下雨，接下來，您準備去哪裡呢？」

：「稍早提到的事，我確認之後會用電子郵件與您聯絡。」

然而，我們即便為了預防發生尷尬情況，而做了那麼多準備，但有時還是會碰到客人走進電梯，但電梯門卻遲遲沒能關上的情況。

碰到這種情形時，許多人會乾脆鞠躬致意，作為填補這段空白的手段。因為這是解決「我已經找不到話題了」、「與對方無言對視太尷尬了」最簡單的方式。

可是，原本與人告別時只需要鞠躬三十度，在這種情況下做，卻要加碼為九十度的最敬禮，且須維持到電梯門完全關閉為止才結束。

有一派認為這是一種相當有禮貌的表現，也有人覺得這種行為非常滑稽。無論如何，長時間鞠躬都會讓雙方相當不自在。

為了應付這種突如其來的狀況，我建議**直到客人全部進入電梯為止，至少保留兩個話題**，而且要簡潔。

舉例來說，「我最晚明天會把○○寄給您」、「天氣相當炎熱，請多保重」、

「謝謝您願意在下雨天蒞臨」、「下次會議時，還請多多指教」等。在電梯門即將關閉時，若能搭配上三十度鞠躬，會讓整個送客的流程更順利。

上班必學的一百分回話

其實對方同樣希望送行時間越短越好。

4

安排座位有眉角

不少人在要和主管或客戶一起吃飯時，都會為了安排座位而苦惱，其煩惱根源，其實正是來自我們所知的座位安排基本禮儀知識。

例如，靠走道的座位雖非上座，但較能清楚看到窗外美麗的景色；上座與後方的人太接近了，有些擁擠；上座正好位在空調出風口下方；上座離化妝室較近等。

碰到前述這些情況時，我們確實會對「在這個空間裡，應該建議對方坐在哪裡才好呢？」感到頭疼。我建議大家，碰到這種情況時，**坦率分享你的想法即可**。

：「原本應該讓您坐裡面的位置，但這裡可以欣賞到美麗的景色，不知道您覺得坐這裡如何？」

：「本來想請您坐上座，但這邊位置似乎更寬敞舒適，您覺得哪一個座位比較好呢？」

就像這樣，把你的想法清楚傳達給對方。接著，**再以「請教」的方式，讓對方自行來做選擇**，這就是最不會出錯的做法。

這麼做不僅尊重對方，還能展現出你熟知社交禮儀，且待客體貼、細心。

上班必學的一百分回話

安排座位時，不妨直接告訴對方，你建議他坐在那個位置的理由，這樣別人還會感謝你。

5 世上沒人討厭被感謝

當有人請你吃飯時，依照一般禮儀，可用以下的順序來感謝對方。

1. 用餐當下（口頭表達）。
2. 用完餐後要分開時（口頭表達）。
3. 回家途中或回家後（透過電子郵件或 LINE 等）。
4. 第二天之後再碰到對方時（口頭表達）。

雖然近年來有人認為，「既然在餐廳道謝過，之後還要三番兩次表達謝意，似乎有些多餘」。

儘管如此，我還是建議大家**感謝四次**。

在商場上，我們會遇到各種不同年齡層以及價值觀的人。

如果請我們吃飯的人認為「感謝次數不嫌多」，那麼當我們只有口頭說一次「謝謝您的款待」，可能會被對方認為不夠有禮。反之，若對方覺得「當天表達過謝意就夠了」，額外的感謝則會讓他感到新鮮，並對你留下禮貌周到的好印象。

世上沒人討厭被感謝，所以不管你遇到的是前述哪種類型的人，若僅在當下道謝一次，之後要花更多時間打好關係。

而且如果我們只感謝一次的話，可能會讓請客方擔心：

「這一餐是否合對方的胃口？」

「他還喜歡這次的招待嗎？」

在飯局結束後的一段時間裡，請客方通常比被招待方更在意這件事後續。

正因如此，若能在隔天再次接到來自你的謝意，對方必然會很高興。

此外，表達感謝時，應該以「用哪一種方式更能讓對方開心」為判斷標準，而非從自身觀點來想事情。

妥善的向對方表達謝意，能展現出你的人格魅力。

上班必學的一百分回話

沒人會因為被多次感謝而覺得被冒犯。

6 絲襪被勾破、襯衫濺湯汁的危機處理

在本節中，我們先想像幾個狀況：

- 午餐吃湯麵時，湯汁不小心濺到襯衫上留下汙漬，但下午要去協商。
- 穿著有破洞的襪子找客戶聚餐，結果餐廳包廂是需要脫鞋的榻榻米座位。
- 發現絲襪勾破了，但已經到開會的時間，來不及換。

為什麼偏偏在關鍵時刻會發生這樣的事情？此時能做的只有在心中祈禱：「拜

託，千萬別讓〇〇注意到……。」相信大家都有過類似的經驗。

注重儀容雖是社會人士的基本禮貌，但有時也會遇到無可奈何的情況。碰到某些事情想藏也藏不住的時候，我的建議是先說先贏。

：「我剛才吃午餐時不小心弄髒襯衫，抱歉讓您看到這麼不雅的樣子。」

像這樣，**主動向對方說明自己碰到的狀況**。

如果你的腦海中一直在想「是否會被對方發現？」或「能成功掩飾過去嗎？」的話，反而會分散注意力，無法專注當下的會議或談話，讓自己陷入窘境。

關於別人的儀容，一般人儘管注意到什麼，往往不會說出口。

因此當發現到你在儀容上的問題時，對方通常會陷入「要不要說呢？」或「裝作沒看見好嗎？」這樣無謂的天人交戰中。

正因如此，如果你願意主動提及，對方反而會覺得輕鬆許多。進一步來說，若能將此事當成話題，還可以緩和當下氣氛。

上班必學的一百分回話

對旁人來說，因為要裝作沒看到很不容易，所以由我們主動提及，反而能讓彼此都輕鬆。

7

當客觀環境不允許按照禮節行事時

從禮節角度來看，問候對方時沒有站起來，或是站在樓梯較高的位置與長輩交談等，都有失禮數。但這些成年人應該遵守的禮儀，有時會因為受到特定環境的限制，無法完全按規矩來行事。

碰到這樣的情況時，我們其實可以借力使力，讓對方覺得你是幹練的人。舉個例子：

：「坐著和您問候，十分抱歉。」

：「站在高處和你交談，失禮了。」

：「進入室內沒脫掉大衣，真不好意思。」

遇到自己失禮的情況時，先向對方說明狀況並道歉。

即使您熟知商務禮儀，但在碰到特殊情況時，如果不口頭說出來的話，對方便無法感受到你的禮儀知識與對待他人的謙遜之心。

道歉後，接著告訴對方「（做出失禮行為）絕非自己的本意」。藉由明確表達出「我對您深懷敬意，但基於當下的情況，不得已做出失禮行為」這份心情，可以避免自己被認為是「不懂禮貌的人」，或讓對方感到不愉快。

另外，像彼此隔著桌子坐著交換名片時，可以加一句：「不好意思，坐著和您交換名片。」反而會讓對方覺得你既親切又有禮。

上班必學的一百分回話

做出失禮行為時，若能讓對方知道你並非無禮之輩，而是深諳社交禮儀的人，心裡肯定會踏實許多。

附錄
不懂就會鬧笑話的基本禮儀

任何事情都得先打好基礎，才能活用。若想把一百分回話技術為己所用，首先得複習禮儀的基礎知識。

儀容

身體保持乾淨是基本，外觀看起來清爽同樣重要。在從家裡或公司前往訪問地點前，最好習慣檢查全身，檢查時若能使用全身鏡會更理想。

關注完儀容的整體平衡後，還應留意以下細節：頭髮有沒有睡覺壓痕、指甲是否過長、鞋跟是否磨損，以及襯衫上是否有皺褶、汙漬或鬆脫的鈕扣等。

訪問前

安排訪問時，必須事先和對方確認好日期和時間，避免彼此搞錯日程或產生誤會。另外，最好使用多種確認訊息的方法，例如「幾月幾日」、「星期幾」、「幾點」等來提醒自己。

最後，為了怕遇到像大眾運輸發生誤點等意外，訪問當天請至少提前十分鐘，或保留更充裕的時間出門。

訪問時

由於有時候準時抵達也會被視為遲到，因此從商務禮儀的觀點來看，最佳做法是提前三至五分鐘到達訪問地點。當然如果太早到，可再調整出門時間，或在附近消耗時光。

前往接待處或使用有監視功能的門鈴時，應在抵達或按下按鈕之前，先脫下身上的大衣、帽子、圍巾和手套，待整理好儀容後才做下一步動作。

贈送伴手禮

想送伴手禮、節日禮物或慶賀禮物給客戶或主管時，有幾點需要留意：

避免送出失禮或不合乎禮節的東西

因為有些物品不適合用在結婚賀禮、喬遷賀禮、新居落成賀禮、探病禮品或給長輩的禮物。所以送禮前務必根據用途，仔細確認送出去的東西是否合乎禮節。

參考對方的喜好

如果可以，建議先了解對方的興趣嗜好，作為購買禮物之前的參考。

掌握對方的健康狀況

盡可能在送禮之前，大致掌握對方的身體健康狀態。例如收禮者對什麼過敏，或醫師建議他應避免或減少攝取哪些東西等。

了解對方的家庭組成

如果你想送的禮物是食品，挑選禮物時把收禮者的家庭人數、年齡層，以及是否有小孩等列為參考依據，比較容易挑到能讓對方滿意的禮物。

禮物的內容是否為個別包裝

如果送禮的對象是公司，建議找內容物是不需要再分切的個別包裝食品。

對方家裡是否有冷藏或冷凍設備

夏天時，即使送禮用的冰淇淋、果凍或需要冷藏的生鮮食品等有附上保冷劑，也不適合在室外長時間保存。如果不確定對方在收下禮物後能立刻食用，建議避免購買要冷藏的東西，或先確認對方那裡是否有冷藏或冷凍設備後再購買。

購買禮物的地方

在對方所在的地區或距離最近的車站附近購買禮物，可能會讓收禮的人覺得，你「敷衍了事」而「倉促購買的」，因此不太合適。可以的話，事先確認你想送給對方的東西是否可以在網路上買到，以及是否有實體店面販售。送給對方的禮物越罕見且難入手，越能增添收到時的喜悅與尊榮。

交換名片

商場上，雙方同時交換名片是比較常見的做法。在日本，和其他人交換名片時，順序通常是這樣：

1. 先把自己的名片放在名片夾上。

2. 用右手將自己的名片遞給對方。
3. 用左手接過對方的名片，並放在自己名片夾的上方。

遞出名片時，要說：「我是○○公司△△部門的□□，請多指教。」接收名片時，則說：「承蒙關照。」或「非常感謝。」

交換名片基本上應該站著，坐著交換原則上並不符合禮儀。另外，跨過桌子交換名片也較失禮，應繞道桌旁進行交換。

引導時

基本引導

在走廊、樓梯或手扶梯處進行引導時，應站在對方的斜前方。

電梯引導

若對方只有一至二人，建議先讓他們進去。若超過三人，則自己先進入電梯，然後按住開門按鈕，接著引導其他人進入，比較明智。

安排座位

會議室

距離出入口越遠的座位為上座，適合安排給有生意往來的對象、客戶或者是主管。靠近出入口的座位屬於下座，一般由自家公司的人或職位較低者使用（見左頁上圖）。

會客室

和會議室一樣，距離會客室出入口較遠的座位為上座，較近的座位為下座（見左頁下圖）。

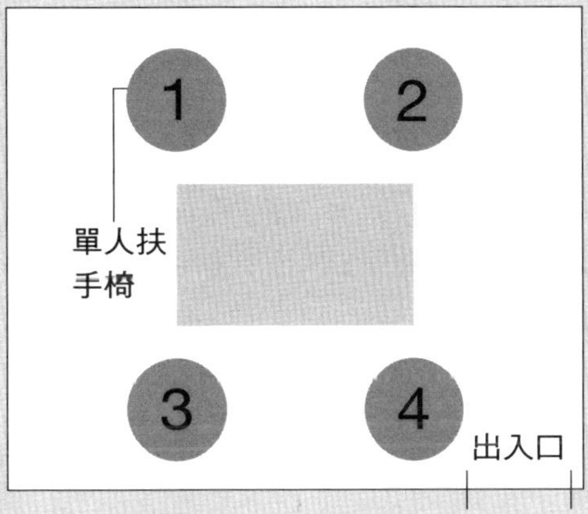

▲ 安排會議座位時，離出入口最遠是上座，適合主管、客戶。

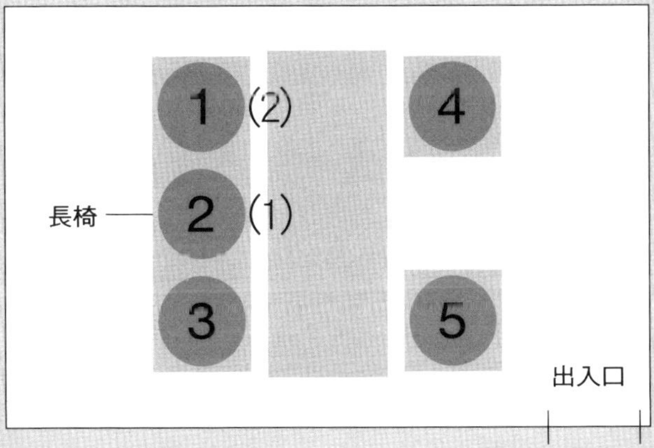

▲ 跟會議室一樣，會客室離出入口最遠的位置是上座（也可依括弧內的數字順序來安排）。

另外，若會客室裡有長椅和單人扶手椅的話，則長椅為上座，應請客戶或客人坐在此處，而自家公司的人則使用下座的單人扶手椅。順帶一提，把長椅放在離出入口較近的位置，是錯的。

電梯

因為站在操作面板前負責按下按鈕的，通常是自家公司或負責引導的人，所以這個位置被視為下座。客戶或長輩搭乘時，應引導他們至電梯內側，亦即上座的位置（見下圖）。

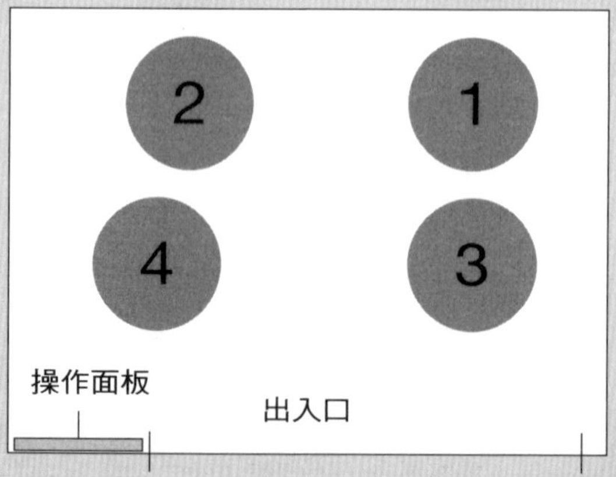

▲ 電梯裡，負責引導的人要站在操作面板前。

聚餐時的座位安排

無論是日式還是西式餐廳，距離出入口越遠的座位被認為是上座，而靠近出入口或走道的座位為下座。

- **西式餐廳**（如法國料理店或義大利餐廳）：在接待或聚餐時，應將客戶或長輩引導至離繪畫、花瓶和鮮花以及壁爐最近的座位入座。因為這些地方被認為是最好的位子。若考慮到坐起來的舒適程度，靠牆邊的沙發座位也是不錯的選擇（見下頁上圖）。
- **日式餐廳的榻榻米房間**：除了出入口的位置外，還須確認房間裡是否設有「床之間」（裝飾有掛軸或花卉的地方）。如果有的話，靠近床之間的位置為上座，而靠近出入口，方便和店家溝通的位置為下座（見下頁下圖）。

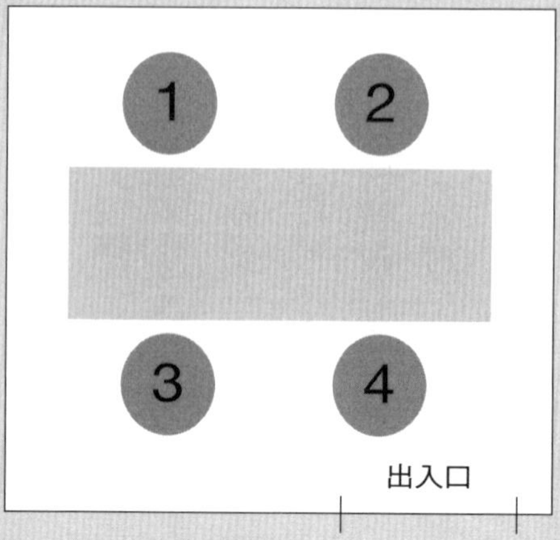

▲ 西式餐廳離出入口遠的位置是上座，另外，可以讓主管、客戶坐在離花瓶擺設最近的位置。

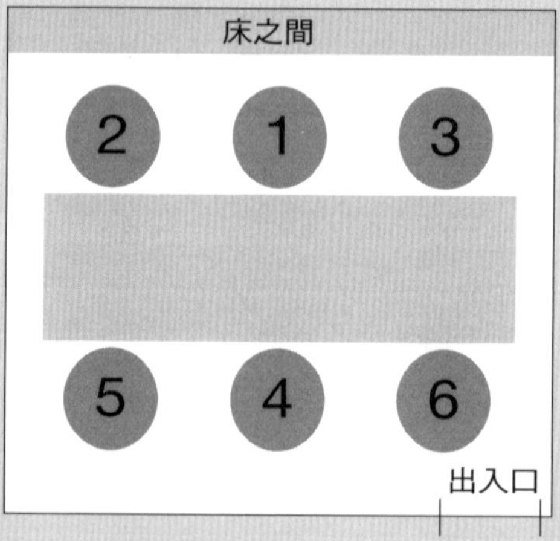

▲ 榻榻米房間，可讓客戶坐在床之間的位置。

乘車時的座位安排

- **（計程車、專車等）有司機的車輛：**座位的優先順序，從上到下依序是：司機斜後方、司機正後方、後座中央、副駕駛座（見下圖）。
- **一般轎車（公司的公務車）等：**由自家員工駕駛時，座位安排與有司機的情況，略有不同。座位從上到卜，依序是：副駕駛座、司機斜後方、司機正後方，最後為後座中央（見下頁圖）。

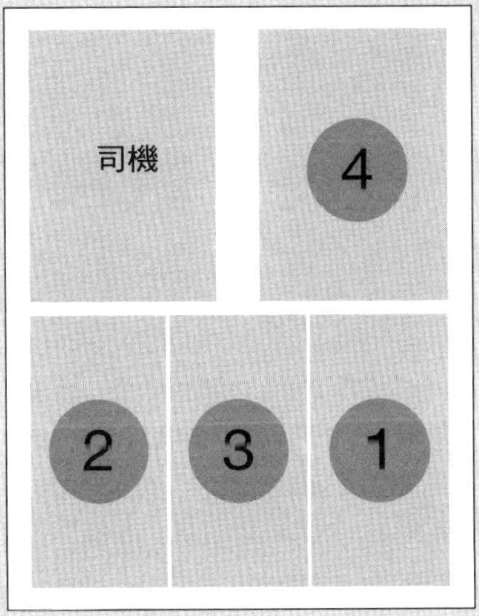

▲搭計程車、專車時，讓主管坐在司機的斜後方。

如果乘車者是位高權重之人，讓他和其他人之間保持一段距離或許比較好，此時車後座的位置，依情況可能會是更合適的選擇。

鞠躬禮

一般來說，鞠躬可分為會釋、敬禮和最敬禮三種類型。

會釋

將上半身傾斜約十五度。適合用於與同事或關係親近的人之間平時的問候。

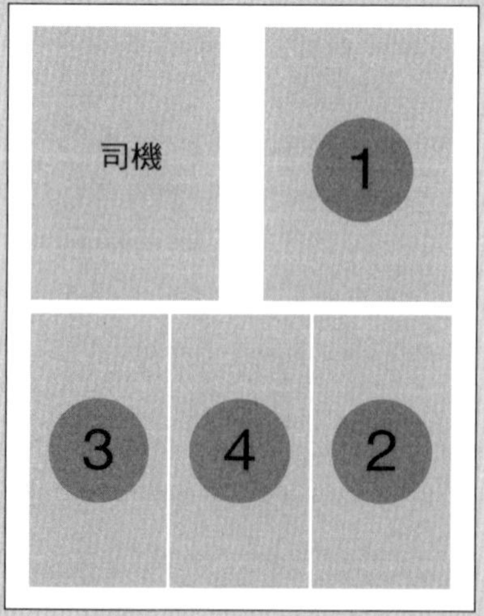

▲ 坐公司公務車時，副駕駛座是上位。

敬禮（普通禮）

將上半身傾斜約三十度。廣泛用於與對方初次見面時的問候、與他人的日常問候，以及向他人道謝或道歉時使用。

最敬禮

將上半身傾斜約四十五度。適合用於向對方表達由衷的感謝之情或歉意。當然，視具體情況，若想把情感表現得更為強烈，則可進一步加深鞠躬的角度。

處理客訴的流程

在面對不滿或不安的客戶時，應對時要保持冷靜，並留意幾點：

1. 以真誠的態度聽對方把話全部說完。

2. 溫柔的同理對方感到困擾之處。
3. 說明問題的解決方案。若無法立刻找出方法，則要明確告知答覆期限。
4. 若對方遇到的問題確定是自家公司失誤引起，在誠心誠意的道歉後，要提出能讓對方接受的補償或替代方案。

應謹記在心的緩衝語

當我們向對方說一些不好開口的事情時，可以使用緩衝語，例如：

- 「真的很抱歉，但……。」
- 「百忙之中，打擾了。」
- 「麻煩您了。」
- 「非常抱歉，不過……。」
- 「我真的很過意不去，可是……。」

- 「如果方便的話……。」
- 「若不會造成您的不便……。」

需要留意的是，不應濫用像「不好意思」、「拍謝」等，這類容易讓人分不清楚你想感謝還是道歉的表達方式。

結語　一百分應對，人際關係雙贏

感謝大家翻開本書。

相信看到這裡的每一位讀者，都能理解本書介紹的技巧精髓了。

不難想像，多數人的煩惱、焦慮以及壓力的根源，幾乎都來自於人際關係。尤其在職場中，如果與主管、部屬、同事或合作夥伴出現溝通問題，很可能會對心理健康造成嚴重影響。

反過來說，只要能保持舒適的人際關係，那麼每一天，甚至整個人生，都會變得輕鬆愉快！

我在本書中所介紹的方法，不僅適用於職場和商場上，絕大多數還能應用在日常生活中。只要實踐，你一定會創造雙贏的美好結果。

希望大家都能以傳統的禮儀與禮法為基礎，然後超越其形式和常識所設下的限制，靈活應對。

我相信，書中內容可以幫助讀者與身邊的人建立良好關係，並獲得其他人的信賴與感謝。在今後的人生，如果這些技巧能使你重拾自信和安全感，我將感到無比榮幸。

最後，我要向花許多時間仔細檢查本書內容，並提供建議的編輯中野先生，以及 KANKI 出版社的所有成員，致上由衷感謝。

願大家都能建立愉快且幸福的人際關係。

國家圖書館出版品預行編目（CIP）資料

上班必學的 100 分回話：成熟工作者都在用，合理的躲過加班、應酬和超出範圍的工作，還能替印象加分。／諏內 Emi 著；林巍翰譯 . -- 初版 . -- 臺北市：大是文化有限公司，2025.09
208 面；14.8×21 公分（Think；298）
譯自：戦略としてのずるいマナー
ISBN 978-626-7762-13-4（平裝）

1.CST：職場成功法　2.CST：社交禮儀

494.35　　114009046

THINK 298

上班必學的 100 分回話

成熟工作者都在用，合理的躲過加班、應酬和超出範圍的工作，還能替印象加分。

作　　者／諏內 Emi
譯　　者／林巍翰
校對編輯／陳映融
副 主 編／陳竑悳
副總編輯／顏惠君
總 編 輯／吳依瑋
發 行 人／徐仲秋
會計部｜主辦會計／許鳳雪、助理／李秀娟
版權部｜經理／郝麗珍、主任／劉宗德
行銷業務部｜業務經理／留婉茹、專員／馬絮盈、助理／連玉
　　　　　　行銷企劃／黃于晴、美術設計／林祐豐
行銷、業務與網路書店總監／林裕安
總 經 理／陳絜吾

出 版 者／大是文化有限公司
　　　　　臺北市 100 衡陽路 7 號 8 樓
　　　　　編輯部電話：（02）23757911
　　　　　購書相關資訊請洽：（02）23757911 分機 122
　　　　　24 小時讀者服務傳真：（02）23756999
　　　　　讀者服務 E-mail：dscsms28@gmail.com
　　　　　郵政劃撥帳號：19983366　戶名：大是文化有限公司

香港發行／豐達出版發行有限公司
　　　　　Rich Publishing & Distribution Ltd
　　　　　香港柴灣永泰道 70 號柴灣工業城第 2 期 1805 室
　　　　　Unit 1805, Ph.2, Chai Wan Ind City, 70 Wing Tai Rd, Chai Wan, Hong Kong
　　　　　Tel：21726513　Fax：21724355
　　　　　E-mail：cary@subseasy.com.hk

封面設計／孫永芳　內頁排版／邱介惠　印刷／韋懋實業有限公司
出版日期／2025年9月初版
定　　價／新臺幣 399 元
I S B N／9786267762134
電子書 ISBN／9786267762127（PDF）
　　　　　　9786267762110（EPUB）